职业技术学院教学用书

物联网技术与应用

——智慧农业项目实训指导

主　编　马洪凯　白儒春
副主编　胡　钢　肖林峰　戚　容

扫一扫
查看全书数字资源

U0319206

北　京
冶金工业出版社
2023

内 容 提 要

本书围绕智慧农业项目涉及的常用模块组件的安装、连接、配置、调试和日常操作、维护等工作任务，详细介绍了智慧农业中各类物联网传感器、执行器、数字量/模拟量采集器、物联网网关、无线路由器、物联网云平台、应用定制开发等相关内容。

本书可作为职业技术院校物联网技术及其相关专业的实训教材，也可供智慧农业物联网项目方案设计、建设实施与运行维护的相关技术人员阅读和参考。

本书有彩图等配套资源，读者可通过扫描二维码查看。

图书在版编目(CIP)数据

物联网技术与应用：智慧农业项目实训指导/马洪凯，白儒春主编. —北京：冶金工业出版社，2021.8（2023.1 重印）

职业技术学院教学用书

ISBN 978-7-5024-8867-3

Ⅰ.①物… Ⅱ.①马… ②白… Ⅲ.①物联网—应用—农业—职业教育—教学参考资料 Ⅳ.①S126

中国版本图书馆 CIP 数据核字（2021）第 140161 号

物联网技术与应用——智慧农业项目实训指导

出版发行 冶金工业出版社		**电 话** （010）64027926	
地 址 北京市东城区嵩祝院北巷 39 号		**邮 编** 100009	
网 址 www.mip1953.com		**电子信箱** service@ mip1953.com	

责任编辑 王 颖 美术编辑 彭子赫 版式设计 郑小利
责任校对 葛新霞 责任印制 窦 唯
三河市双峰印刷装订有限公司印刷
2021 年 8 月第 1 版，2023 年 1 月第 2 次印刷
787mm×1092mm 1/16；9 印张；218 千字；134 页
定价 49.90 元

投稿电话 （010）64027932 投稿信箱 tougao@cnmip.com.cn
营销中心电话 （010）64044283
冶金工业出版社天猫旗舰店 yjgycbs.tmall.com
（本书如有印装质量问题，本社营销中心负责退换）

前　言

农业是国民经济的基础，是我国 14 多亿人口解决温饱问题的根本保障。近年来，随着信息技术的发展，发达国家农业领域的信息化应用技术发展迅猛，信息技术的发展使得农业生产率大幅度提升，相比较，我国农业生产目前仍以传统生产模式为主，因此，加快推进农业现代化发展已迫在眉睫，是农业赋能与产业转型升级最重要的一环，也是我国由农业大国迈向农业强国的必经之路。

目前，在国家、部委和地方政策的支持下，我国互联网、物联网、云计算、大数据等技术应用于传统农业生产中，农产品的生产过程和生产方式大大改进，农业现代化经营水平也在不断提高。本书针对物联网技术在农业生产中的应用，选用市场上比较成熟的物联网相关产品，利用物联网技术实时、动态地对数据进行采集和监测，实现对农田的智能灌溉、智能施肥和智能遮阳等自动化控制，突破农业生产现场信息获取困难与智能化程度低等技术发展的瓶颈。同时，本书作为中职和高职院校物联网及相关专业培训、自学的指导教材，具有较强的实用性和可操作性。

本书以"四川省苍溪县职业高级中学智慧农业产学研基地项目"建设为背景，共分 6 个章节，其中第 1 章为项目概述；第 2 章介绍了项目中涉及的各类传感器、执行器、网关和相关配套设施和设备的功能、特点、参数指标和工作原理等；第 3 章介绍了项目中各类设施、设备的安装与调试的工具、方法和流程等；第 4 章介绍了农业物联网软件的安装、配置、使用和云平台接入与管理；第 5 章介绍了项目应用的开发与设计方法，并列出了部分开发文档与代码；第 6 章介绍了云平台二次开发接口供读者查阅、参考。

本书由四川省苍溪县职业高级中学马洪凯、白儒春担任主编并统稿（编写第 1、2 章），四川信息职业技术学院胡钢、中国移动通信集团四川有限公司广元分公司肖林峰、四川省苍溪县元坝镇农业综合服务中心戚容担任副主编并校审（编写第 3~5 章），参与本书编写工作的还有四川维诚信息技术有限公司张渤（编写第 6 章）。

　　物联网技术发展迅速，技术庞杂，由于编者水平所限，书中难免存在不足之处，敬请广大读者批评指正。

编　者

2021 年 6 月

目　录

第1章 农业物联网项目概述

1.1 物联网的起源与发展

物联网的基本思想出现在 20 世纪 90 年代。2005 年 11 月 17 日，国际电信联盟（ITU）在信息社会世界峰会（WSIS）上发布了《ITU 互联网报告 2005：物联网》，报告中指出无所不在的"物联网"通信时代即将来临，世界上所有的物体从轮胎到牙刷、从房屋到纸巾都可以通过互联网主动进行信息交换。

2009 年 1 月 28 日，奥巴马在就任美国总统后与美国工商业领袖举行了一次"圆桌会议"，IBM 首席执行官彭明盛首次提出"智慧地球"这一概念。智慧地球也称为智能地球，就是要把各种传感器设备嵌入和装备到电网、铁路、桥梁、隧道、公路、建筑、供水系统、大坝和油气管道等各种物体当中，物品之间普遍链接，形成所谓的"物联网"。与现有的互联网整合起来，实现人类社会与物理系统的整合。

2009 年 8 月 7 日，时任国务院总理温家宝在无锡视察时发表重要讲话，提出"感知中国"的战略构想，表示中国要抓住机遇，大力发展物联网技术。2020 年 10 月 26 日至 29 日，党的十九届五中全会通过了《中共中央关于制定国民经济和社会发展第十四个五年规划和二〇三五年远景目标的建议》，描绘了全面加强乡村建设、加快推进农业农村现代化的宏伟蓝图，明确要求在"十四五"期间强化农业科技和装备支撑，首次在农业农村最高纲领中提出建设智慧农业。智慧农业是农业在新技术、新理念、新模式浪潮推动下由传统向现代转变的一个必然的阶段。

1.2 物联网关键技术在农业中的运用

传统农业受限于来自技术上、生态上的缺陷，导致未能实现较大的经济效益。而在物联网技术飞速发展的今天，基于物联网技术的智慧农业检测管理手段逐渐的稳步走向常态化。科学家们对农作物深入研究后发现：环境温度、光照强度、环境、二氧化碳浓度等关键因素将影响农作物等生长，根据各种物联网传感、控制设备实时检测、控制农作物的生长环境，使农作物在最适宜的环境下生长，从而提高农作物产量、带动更大的经济效益，切实推进农业农村现代化的建设。

农业物联网技术的广泛应用，推动了我国农业全产业链的改造升级，提升了我国现代农业的综合效益。

1.3 农业物联网项目简介

本书以"四川省苍溪县职业高级中学智慧农业产学研基地项目"建设为背景，介绍了一个典型的农业物联网系统实施和应用的具体步骤与实现方法。

该智慧农业项目集物联网、移动互联网、云计算和大数据技术为一体，依托各种物联网传感器（土壤温湿度传感器、光照传感器、pH传感器等）和移动互联网技术，实现农业生产环境的智能感知、智能预警、智能决策、智能分析，为农业生产提供精准化种植、可视化管理、智能化决策、在线化服务，使农业系统达到农产品竞争力强、农业可持续发展，以建设和谐农村、有效利用农村能源和环境保护的目标。

1.3.1 项目目标与架构

该项目主要建设内容包括一个核心云平台和六大应用系统，包含智慧农业物联网云平台、物联网农业气象环境数据采集系统、土壤墒情监测分析系统、大数据分析可视化大屏系统、智慧大棚环境控制系统、自动施肥灌溉系统和远程高清视频监控系统，实现智慧农业物联网云平台对智慧农业实践园的农业生产气象环境数据采集和园区高清视频监控，农业大棚内的农业生产环境数据采集、环境控制和农业大棚的远程控制，以及园区种植地块土壤墒情监测分析和物联网自动施肥灌溉控制系统，从而减轻农业生产工作量、提高农业资源利用效率、改善农业生产环境等。同时，实现物联网边缘网关和云平台开放足够多的端口和丰富、完善的接口数据以及二次开发包，为教师、学生提供一个开放的平台去学习和研究。

项目采用物联网应用系统典型的三层逻辑架构，项目架构如图1-1所示。项目包含定制化开发的智慧农业物联网云平台和大数据分析可视化大屏系统、智慧农业实践园区农业气象站、智慧农业大棚、露天种植地块、果树园种植区的环境数据、土壤墒情数据实时采集和自动施肥灌溉控制系统、远程高清视频监控系统等子系统，如图1-2所示。

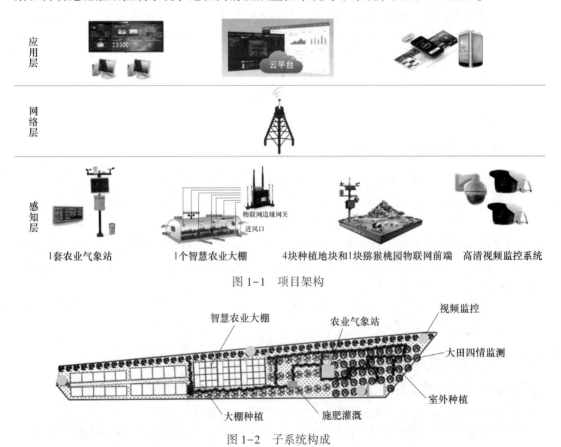

图1-1 项目架构

图1-2 子系统构成

1.3.2　智慧农业物联网云平台子系统

为实现智慧农业物联网数据采集传感器集中统一管理，数据集中存储、数据分析及大屏可视化呈现，以及物联网远程控制施肥灌溉、自动通风、自动补光等管理，云平台子系统的结构和功能如图1-3所示。同时，开展功能复杂的综合设计和科研项目，采用定制化开发智慧农业物联网云平台，软件程序代码全部开源，进行云服务器方式部署系统软件，并实施对物联网设备的监控和设备管理，实现对农作物生长全生命周期监控和7×24h连续采集和记录监测点位的空气温湿度、土壤温湿度、叶面光照度、室外光照度等各项参数情况，实现对作物生长过程实时环境数据的状态监控、异常预警、动态变化跟踪。

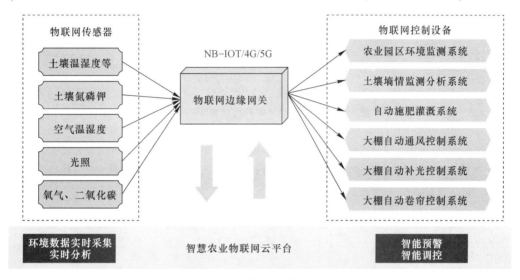

物联网传感器

土壤温湿度等

土壤氮磷钾

空气温湿度

光照

氧气、二氧化碳

NB-IOT/4G/5G

物联网边缘网关

物联网控制设备

农业园区环境监测系统

土壤墒情监测分析系统

自动施肥灌溉系统

大棚自动通风控制系统

大棚自动补光控制系统

大棚自动卷帘控制系统

环境数据实时采集实时分析

智慧农业物联网云平台

智能预警智能调控

图1-3　智慧农业云平台子系统

1.3.3　智慧农业气象环境数据采集子系统

通过物联网传感器24h不间断采集农业园区气象数据，物联网数据采集前端由物联网传感器、边缘网关、NB或4G/5G数据传输模块构成，提供农业气象数据采集、传输、云端管理的无人值守解决方案，可使用市电或太阳能供电，能够在全天候下不间断准确采集大气温度、大气湿度、大气压、光照强度、风速、风向、降水量、二氧化碳等数据，实时采集现场视频数据，并及时传输到云端平台，形成数据报表，全面直观地呈现各个监站点的数据及其变化情况。物联网农业气象环境数据采集系统整个系统由物联网感知层、数据网络传输层和应用层云平台组成。图1-4是智慧农业气象环境数据采集子系统。

1.3.4　智慧农业土壤墒情监测分析子系统

通过物联网传感器24h不间断采集农业园区土壤墒情数据，物联网数据采集前端由物联网传感器、边缘网关、NB或4G/5G数据传输模块构成，提供土壤墒情数据采集、传输、云端管理的无人值守解决方案，可使用市电或太阳能供电，能够在全天候下不间断准确采集土壤的温湿度、酸碱度、氮磷钾、电导率等数据，并及时传输到云端平台，形成数

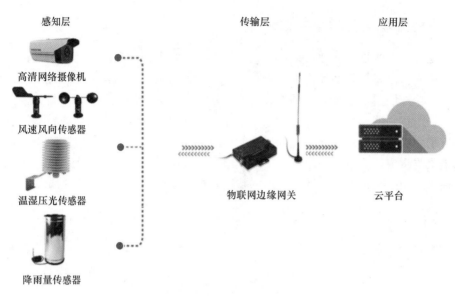

感知层　　　　　　　　　传输层　　　　　　　　应用层

高清网络摄像机

风速风向传感器

温湿压光传感器

降雨量传感器

物联网边缘网关　　　　　　　云平台

图 1-4　智慧农业气象环境数据采集子系统

据报表，全面直观的呈现各个监站点的数据及其变化情况，稳定、准确、可靠地实现种植地块土壤数据精准监测，为土壤肥力改善和精准施肥灌溉提供参考依据（见图 1-5）。

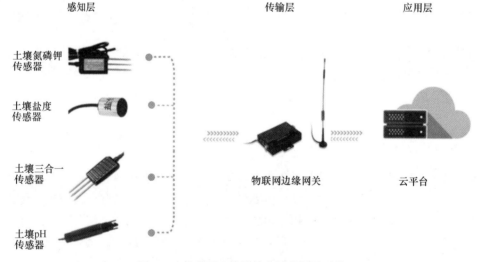

感知层　　　　　　　　　　　　传输层　　　　　　　　应用层

土壤氮磷钾
传感器

土壤盐度
传感器

土壤三合一
传感器

土壤pH
传感器

物联网边缘网关　　　　　　　云平台

图 1-5　物联网土壤墒情监测分析子系统

1.3.5　智慧农业大数据分析可视化大屏子系统

利用大数据挖掘、数据可视化等技术，挖掘农业大数据的数据价值，通过大数据分析，直观、动态地显示农业园区各类环境动态数据和实时状态。主要包含智慧农业物联网数据资源库、农业大数据统计分析模型和农业大数据可视化大屏三大部分，实现对数据的采集、运算、应用、服务四大体系，通过大数据可视化大屏全面展示农业园区环境和运行情况，对农业大数据潜在规律和模式进行清晰、有效的掌握，保障农业生产管理科学化决策。智慧农业大数据分析可视化大屏子系统如图1-6所示。

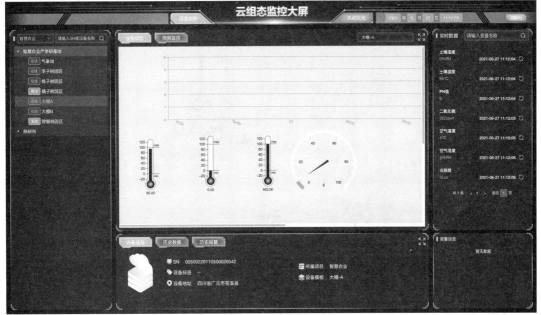

图1-6　大数据分析可视化大屏子系统

扫一扫
查看彩图

1.3.6　智慧大棚环境控制子系统

通常在温室大棚内栽种的植物，对生长环境都有着较为苛刻的要求，温度、湿度、光照和二氧化碳浓度等指标都需要维持在一个稳定的范围内。早期的温室大棚，通过人工观察记录时段温度、土壤湿度、光照强度等，监控主要靠人员留守，土地干旱依靠人工判断和浇水施肥等，无法精准掌握农业生产环境，要凭借工作人员的个人感官进行判断。随着温室大棚数量越来越多，仅靠人工管理变得越来越困难。基于物联网技术的智能化温室大棚由温室环境监测和温室环境控制两个子系统构成。温室环境监测子系统构成如图1-7所示，温室环境控制子系统如图1-8所示，两个子系统可以通过设置云平台策略配置，从而实现根据环境数据实时调整大棚温度和灌溉时间等，具有控制精度高、工作稳定可靠等特点，降低了温室大棚的人工成本。温室大棚物联网化、智能化将成为未来农业的发展趋势。

智慧农业大棚是集约、高产、高效、生态、安全的发展需求，提供物联网土壤和环境参数在线采集、智能组网、无线传输、数据处理、预警信息发布、决策支持、自动控制等功能于一体的农业大棚物联网解决方案。物联网智慧大棚环境控制系统根据农作物的生长需求规律，对大棚内二氧化碳浓度、光照、温湿度进行调节控制，并对土壤氮磷钾等营养成分进行精准施肥供给，为大棚内农作物生长提供最佳适宜的环境。物联网、大数据、云计算与传感器技术相结合的方式，通过物联网采集传感器实时采集大棚内环境温湿度、光照强度、二氧化碳浓度等参数进行实时监测，通过分析处理传感器数据信息，当达到所设阈值或人为干预操作，作为物联网通风设备、补光设备、加温设备运行的控制条件，远程集中管理支持远程控制、手动控制、自动控制、定时控制等多种工作模式，可对所有设备进行控制，实现智能化管理和调节大棚环境。

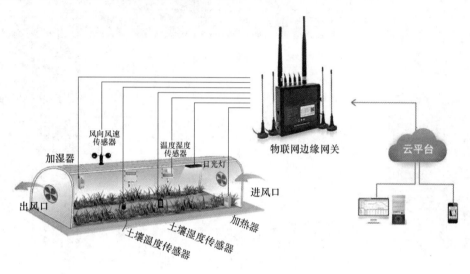

图1-7 温室环境监测子系统

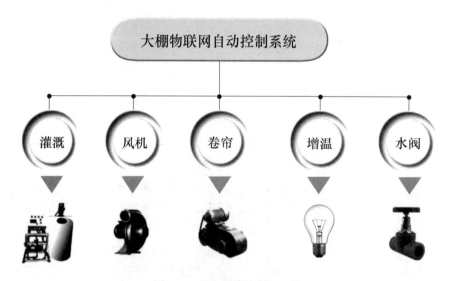

图1-8 温室环境控制子系统

同时，通过手机、计算机等信息终端实时掌握种植环境信息，及时获取异常报警信息及环境预警信息，并可以根据环境监测结果实时调整控制设备，实现农业大棚的科学种植与管理，最终实现节能降耗、绿色环保、增产增收的目标。

1.3.7 智慧农业自动施肥灌溉子系统

物联网自动施肥灌溉系统根据农作物的生长需求规律、土壤水分、土壤性质等条件提供最合适的水肥灌溉方案，系统运用物联网、大数据、云计算与传感器技术相结合的方式，对农业生产中的环境温度、湿度、光照强度、土壤墒情等参数进行实时监测，通过分析处理传感器数据信息，判断分析土壤干湿度、氮磷钾等土壤营养成分，当达到所设阈值或人为干预操作，作为物联网灌溉设备运行的控制条件，远程集中管理支持远程控制、手动控制、自动控制、定时控制等多种工作模式，可对所有灌溉设备进行控制，节约人力，实现智能化施肥和灌溉。智慧农业自动施肥灌溉子系统如图1-9所示。

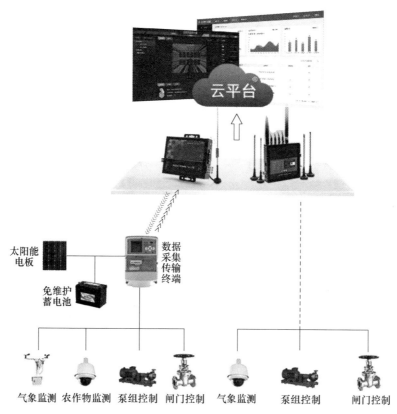

图1-9 自动施肥灌溉子系统

1.3.8 远程高清视频监控子系统

农业园区远程高清视频监控系统将互联网从桌面延伸到田野，通过高清视频摄像头实时采集农作物生长视频数据，可以使农业专家远程随时查看农田内的农作物生长视频记录，并结合农业园区的大气和环境数据，判断是否是适合作物生长的最佳条件，并通过物联网远程控制园区内施肥滴灌系统、通风系统、补光系统等实施人工干预和精准化管理，调节农作物生长环境关键值，实现智能化、自动化管理。

同时，可通过远程高清视频监控查看作物病虫害问题，视频结合相应的同期数据进行分析，远程诊断病虫害原因，及时对病虫害进行处理解决，实现对蔬菜病虫害的早期预警和对蔬菜产量的早期预测。

第 2 章　初识智慧农业物联网设备

2.1　物联网边缘网关

USR-G780 外观如图 2-1 所示，是一款物联网边缘网关，其基本功能是将 RS232 或 RS485 线路中接入的设备所发送的数据通过 LTE 网络实现双向透传功能。为了保证网关的可靠性，网关内设硬件看门狗进行保护；具有高速率、低延时的特征；可实现边缘采集、云端采集、云端数据中转，通过云平台实现软硬一体化系统性解决方案。USR-G780 物联网边缘网关提供了丰富的接口，如图 2-2 所示，通过接口实现传感器与云平台无线组网，实现指令和数据的稳定传输。

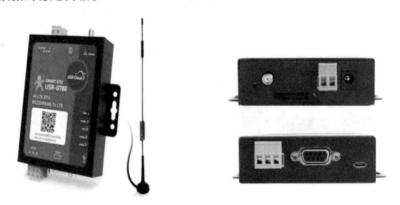

图 2-1　物联网边缘网关外观

图 2-2　物联网边缘网关接口

2.1.1　网关特性

（1）5 模 13 频，支持移动、联通、电信 4G 高速接入，同时支持移动、联通 3G 和 2G 接入；

（2）基于嵌入式 Linux 系统开发，具有高度的可靠性；

（3）支持 2 个网络连接同时在线，支持 TCP 和 UDP；

（4）每路连接支持 20 包串口数据缓存；

（5）支持发送注册包/心跳包数据；

（6）支持远程短信设置模块参数；

（7）支持多种工作模式：网络透传模式、HTTPD 模式；

（8）支持基本指令集；

（9）支持套接字分发协议，可以向不同 Socket 发送数据；

（10）支持 FTP 更新协议，方便客户设备远程更新；

（11）支持 FOTA 自升级协议，保持固件最新状态；

（12）支持简单指令发送中文/英文短信。

2.1.2 电源参数

USR-G780 物联网边缘网关采用低功耗、宽电压设计，电源参数见表 2-1。

表 2-1 物联网边缘网关电源参数

工作电压/V	工作电流/A	电源防护
5V<U<36V	0.12798~0.163A/最大 0.23935A(12V)	防浪涌/ESD 保护/防反接

2.1.3 发射功率

USR-G780 物联网边缘网关支持 4G 网络数据双向透明传输，支持 5 模 12 频：移动、联通、电信 4G 高速接入，同时支持移动，联通 3G 和 2G 接入，在选用物联网卡和无线接入时请参考表 2-2 中的参数。

表 2-2 物联网边缘网关发射功率参数

TD-LTE/dBm	FDD-LTE/dBm	WCDMA/dBm	TD-SCDMA/dBm	GSM Band8/dBm	GSM Band3/dBm
+23dBm (Power class 3)	+23dBm (Power class 3)	+23dBm (Power class 3)	+24dBm (Power class 2)	+33dBm (Power class 4)	+30dBm (Power class 1)

2.2 温湿光传感器

温湿光传感器外观如图 2-3 所示，属于标准 Modbus 设备，广泛适用于农业大棚、花卉培养、中草药种植等需要温湿度监测的场合。传感器内输入电源、感应探头、信号输出三部分均完全隔离。

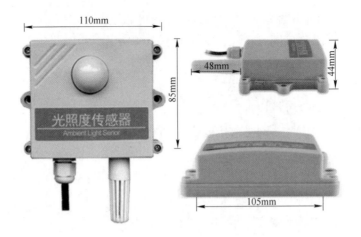

图 2-3　温湿光传感器外观

　　光照度的采集、通常使用的是光电传感器，依靠光电效应进行实现。光可以认为是具有一定能量的粒子（我们将其称为光子）组成，光照射到物体表面上可以看成是物体受到一连串的光子轰击。光电效应就是由于该物体吸收了光子的能量后产生电效应。光电效应通常可分为外光电效应、内光电效应和光生伏特效应。在光线的作用下，物体内的电子溢出物体表面向外发射的现象称为外光电效应。在光线的作用下，电子吸收光子能量从键合状态过渡到自由状态，引起材料电导率的变化，这种现象称之为内光电效应，又称光电导效应。在光线的作用下，能够产生一定方向的电动势的现象叫作光生伏特效应。

　　在采集温度数据时，通常使用温度传感器。温度传感器能感知物体的温度并将其转换成电信号。温湿度传感器的测量按照方向可以分为接触式和非接触式两大类，接触式直接与被测物体进行接触测量，由于物体与物体接触时，被测物体的热量会传递给传感器，降低了被测物体的温度，特别是被测物体比热容较小时，测量精度较低。非接触式传感器主要是利用被测物体的热辐射而发出的红外线，从而获取到物体的温度，可以进行遥测，其制作成本较高，却测量精度较低，优点是不会干扰被测对象的温度场。

　　对于湿度的采集，较之其他物理量的检测相对困难。首先，由于空气中的水蒸气含量较低，液态水会使一些高分子材料和电解质材料溶解，一部分水分子电离后与融入水中的空气中的杂质结合成酸或者碱，使湿敏材料不同程度地受到腐蚀和老化，从而丧失原有的性质。再者，湿度信息必须要水与湿敏器件直接接触来完成，因此湿敏器件只能直接暴露于待测环境中，不能密封。因此通常对湿敏器件有着下列要求：在各种气体环境下稳定性好，响应时间短、寿命长、有互换性、耐污染和受温度影响小等。

2.2.1　产品特性

　　（1）探头灵敏度高；

　　（2）信号稳定，精度高；

　　（3）测量范围宽、线形度好；

　　（4）防水性能好、使用方便；

　　（5）便于安装、传输距离远等。

2.2.2 设备基本参数

本项目使用的温、湿、光传感器是光照度、温度和湿度三合一传感器,其主要参数见表2-3。

表2-3 温湿光传感器参数

参 数 名 称	技 术 指 标
温度测量范围	−40~80℃(可定制)
湿度测量范围	0~100%RH
光照强度量程	0~65535Lux/0~20万Lux
温度测量精度	±0.5℃(25℃典型值)
湿度测量精度	±3%RH(5%RH~95%RH,25℃典型值)(1)
光照强度精度	±7%(25℃)
温度长期稳定性	≤0.1℃/y
湿度长期稳定性	≤1%/y
光照长期稳定性	≤5%/y
通信端口	RS485 Modbus协议
供电电源	12~24V DC
最大功耗	≤0.3W(@12V DC,25℃)
外形尺寸	110×85×44mm^3
电流输出类型	4~20mA
电流输出负载	≤600Ω
电压输出类型	0~5V/0~10V
电压输出负载	≤250Ω
工作压力范围	0.9~1.1atm(1atm=1.013×10^{5}Pa)

2.2.3 设备接线

电源接口为宽电压电源输入,12~24V均可。模拟量型产品需要注意信号线正负,不要将电流/电压信号线的正负接反,否则可能会损伤设备。设备接线定义参见表2-4。

表2-4 485型接线定义

分 类	线 色	说 明
电源	棕色	电源正(12~24V DC)
	黑色	电源负
通信	黄(灰)色	485A+
	蓝色	485B−

注意:不要接错电源、通信线序,错误的接线会导致设备烧毁。同时,电压、电流正输出为有源输出,切不可将电压、电流正输出接到电源正位置,否则会导致设备烧毁。

2.2.4　通信协议基本参数

温、湿、光三合一传感器与上位机之间采用 ModBus RTU 协议，使用 CRC 循环冗余校验方式输出传感器取得的温度、湿度和光照度数据。波特率默认为 9600bit/s，可设置为 2400bit/s、4800bit/s、9600bit/s。通信协议主要参数见表 2-5。

表 2-5　通信协议基本参数

参　　数	内　　容
设备地址	1Byte
通信协议	MODBUS RTU
编码	8bit 二进制
数据位	8bit
奇偶校验位	无
停止位	1bit
错误校准	CRC 冗长循环码
波特率	默认为 9600bit/s，可设置为 2400bit/s、4800bit/s、9600bit/s

2.2.5　数据帧格式定义

要从温、湿、光三合一传感器读取传感器值，需要使用 ModBus 通信协议向其发出问询指令，指令帧数据格式见表 2-6；温湿光传感器收到与自己地址相同的问询指令帧后，即向 ModBus 总线发送应答数据帧，应答数据帧格式见表 2-7。

表 2-6　问询数据帧格式

校验码低位	地址码	功能码	寄存器起始地址	寄存器长度	校验码高位
1Byte	1Byte	1Byte	2Byte	2Byte	1Byte

表 2-7　应答数据帧格式

地址码	功能码	有效字节数	第一数据区	第二数据区	第 N 数据区
1Byte	1Byte	1Byte	2Byte	2Byte	2Byte

2.2.6　寄存器地址

指令帧中第 4 至第 7 字节中的数据，指明读取温湿光传感器的哪些寄存器值，各寄存器地址与值的含义见表 2-8。

表 2-8　寄存器地址

寄存器地址	PLC 组态地址	内　　容	操　作
0000H	40001	湿度（单位 0.1%RH）	只读
0001H	40002	温度（单位 0.1℃）	只读

寄存器地址	PLC 组态地址	内　　容	操作
0007H	40008	光照度（高字节）（单位 1lux）	只读
0008H	40009	光照度（低字节）（单位 1lux）	只读
0100H	40101	设备地址	读写
0101H	40102	波特率（2400bit/s、4800bit/s、9600bit/s）	读写

2.2.7　通信协议示例以及解释

【例 2-1】读取温湿光传感器的温湿度数据。

查阅表 2-8 得知，读取设备地址 0x0000 至 0x0001 两个寄存器中的数据即可得到传感器采集到的温度值和湿度值。于是，可以通过 PC 或物联网边缘网关等向 ModBus 总线发送表 2-9 所示的问询指令帧，其中 CRC 校验码可以通过 CRC 校验码计算工具软件和本书第 5 单元中的 CRC 校验程序计算，网络上也有很多在线计算 CRC 校验码的网页，读者在配置和调试设备时可以根据需要任意选用。

表 2-9　问询指令帧

地址码	功能码	起始地址	数据长度	校验码低位	校验码高位
0x01	0x03	0x00 0x00	0x00 0x02	0xC4	0x0B

若收到表 2-10 所示的应答数据帧，即可获得温湿度数据。

表 2-10　应答数据帧

地址码	功能码	有效字节数	温度值	湿度值	校验码低位	校验码高位
0x01	0x03	0x04	0x02 0x92	0xFF 0x9B	0x5A	0x3D

温度：当温度低于 0℃时以补码形式上传，FF9B（十六进制）= -101（十进制），表示温度值为-10.1℃；

湿度：0292（十六进制）= 658（十进制），表示湿度值为 65.8%RH。

【例 2-2】读取光照度值。

光照度值的设备地址为 0x0007，问询指令帧和应答数据帧见表 2-11 和表 2-12。

表 2-11　问询指令帧

地址码	功能码	起始地址	数据长度	校验码低位	校验码高
0x01	0x03	0x00 0x07	0x00 0x02	0x75	0xCA

表 2-12　应答数据帧

地址码	功能码	有效字节数	光照值	校验码低位	校验码高位
0x01	0x03	0x04	0x00 0x02	0xD8	0x15

光照度计算说明：000206F6（十六进制）= 132854（十进制），表示光照度值为 132854Lux。

【例2-3】修改设备波特率。

修改温湿光传感器波特率的指令帧和应答帧见表2-13和表2-14。

表2-13 问询指令帧

地址码	功能码	起始地址	数据长度	校验码低位	校验码高位
0x01	0x06	0x01 0x01	0x00 0x02	0x58	0x37

将设备地址1的波特率修改为9600bit/s。

表2-14 应答数据帧

地址码	功能码	修改地址	修改内容	校验码低位	校验码高位
0x01	0x03	0x01 0x01	0x00 0x02	0x58	0x37

成功将设备地址1的波特率修改为9600bit/s。

【例2-4】查询设备地址。

查询设备地址的指令帧和应答帧见表2-15和表2-16。

表2-15 问询指令帧

地址码	功能码	起始地址	数据长度	校验码低位	校验码高位
0xFD	0x03	0x01 0x00	0x00 0x01	0x91	0xCA

查询设备地址。

表2-16 应答数据帧

地址码	功能码	有效字节数	设备地址值	校验码低位	校验码高位
0xFD	0x03	0x01 0x01	0x00 0x01	0x29	0x90

读出设备地址为0x01。

【例2-5】修改设备地址。

修改设备地址的指令帧和应答帧见表2-17和表2-18。

表2-17 问询指令帧

地址码	功能码	起始地址	数据长度	校验码低位	校验码高位
0xFD	0x06	0x01 0x00	0x00 0x02	0x09	0x3F

将当前设备地址1的地址改为2。

表2-18 应答数据帧

地址码	功能码	有效字节数	设备地址值	校验码低位	校验码高位
0x01	0x06	0x01 0x00	0x00 0x02	0x09	0xF7

成功将当前设备地址1的地址改为2。

2.3 二氧化碳传感器

二氧化碳传感器，外观如图 2-4 所示，属于标准 Modbus 设备，广泛适用于农业大棚、花卉培养等需要二氧化碳监测的场合。传感器内输入电源、感应探头、信号输出三部分均完全隔离。安全可靠、体型小巧、安装方便。采用高灵敏度数字探头，信号稳定，精度高。具有测量范围宽、线形度好、防水性能好、使用方便、便于安装、传输距离远等特点。

图 2-4 氧化碳传感器外观

2.3.1 设备基本参数

本项目采用的二氧化碳传感器，其主要技术参数见表 2-19。

表 2-19 温湿光传感器参数

参 数 名 称	技 术 指 标
供电电源	12~24V DC
CO_2 测量范围	5000ppm/1%/3%/65%/100%可选
平均电流	<85mA
CO_2 精度	±(50ppm+3%读数)（25℃）
非线性	<1%F·S
输出信号	RS485 标准 Modbus

2.3.2 设备接线

电源接口为宽电压电源输入 12~24V 均可。模拟量型产品需要注意信号线正负，不要将电流/电压信号线的正负接反，否则可能会损伤设备。接线方法可参考表 2-20。

表 2-20 485 型接线定义

分 类	线 色	说 明
电源	棕色	电源正（12~24V DC）
	黑色	电源负

分　类	线　色	说　明
通信	黄（灰）色	485A+
	蓝色	485B-

注意：不要接错电源、通信线序，错误的接线会导致设备烧毁。同时，电压、电流正输出为有源输出，切不可将电压、电流正输出接到电源正位置，否则会导致设备烧毁。

2.3.3　通信协议基本参数

二氧化碳传感器与上位机之间采用 ModBus RTU 协议，使用 CRC 循环冗余校验方式输出传感器取得的温度、湿度和光照度数据。波特率默认为 9600bit/s，可设置为 2400bit/s、4800bit/s、9600bit/s。通信协议主要参数见表 2-21。

表 2-21　通信协议基本参数

参　数	内　容
设备地址	1Byte
通信协议	MODBUS RTU
编码	8bit 二进制
数据位	8bit
奇偶校验位	无
停止位	1bit
错误校准	CRC 冗余循环码
波特率	默认为 9600bit/s，可设置为 2400bit/s、4800bit/s、9600bit/s

2.3.4　数据帧格式定义

要从二氧化碳传感器读取传感器值，需要使用 ModBus 通信协议向其发出问询指令，指令帧数据格式见表 2-22；传感器收到与自己地址相同的问询指令帧后，即向 ModBus 总线发送应答数据帧，应答数据帧格式见表 2-23。

表 2-22　问询数据帧格式

校验码低位	地址码	功能码	寄存器起始地址	寄存器长度	校验码高位
1Byte	1Byte	1Byte	2Byte	2Byte	1Byte

表 2-23　应答数据帧格式

地址码	功能码	有效字节数	第一数据区	第二数据区	第 N 数据区
1Byte	1Byte	1Byte	2Byte	2Byte	2Byte

2.3.5 寄存器地址

二氧化碳传感器各寄存器地址与值的含义见表2-24。

表2-24 寄存器地址

寄存器地址	PLC 组态地址	内 容	操 作
0005H	40006	CO_2 浓度（单位 1ppm）	只读
0100H	40101	设备地址	读写
0101H	40102	波特率（2400bit/s、4800bit/s、9600bit/s）	读写

2.3.6 通信协议示例以及解释

【例2-6】查询设备地址。

要读取二氧化碳传感器的二氧化碳值，问询指令帧和应答数据帧见表2-25和表2-26。

表2-25 问询指令帧：读取二氧化碳值

地址码	功能码	起始地址	数据长度	校验码低位	校验码高位
0x01	0x03	0x01 0x05	0x00 0x01	0x94	0x0B

表2-26 应答指令帧：读到 CO_2 值

地址码	功能码	有效字节数	设备地址值	校验码低位	校验码高位
0x01	0x03	0x02	0x01 0xC3	0x78	0x35

CO_2：01C3（十六进制）= 451ppm。

【例2-7】设置波特率。

要修改二氧化碳传感器的通信波特率，其指令帧和应答数据帧见表2-27和表2-28。

表2-27 问询指令帧：修改设备波特率

地址码	功能码	起始地址	数据长度	校验码低位	校验码高位
0x01	0x06	0x01 0x01	0x00 0x02	0x58	0x37

将设备地址 1 的波特率修改为 9600bit/s。

表2-28 应答数据帧：修改设备波特率

地址码	功能码	有效字节数	设备地址值	校验码低位	校验码高位
0x01	0x06	0x01 0x01	0x00 0x02	0x58	0x37

成功将设备地址 1 的波特率修改为 9600bit/s。

【例2-8】查询设备地址。

要查询二氧化碳传感器的设备地址，其指令帧和应答数据帧见表2-29和表2-30。

表 2-29　问询指令帧：查询设备地址（读设备地址）

地址码	功能码	起始地址	数据长度	校验码低位	校验码高位
0xFF	0x06	0x01 0x03	0x00 0x00	0x6c	0x14

表 2-30　应答数据帧：查询设备地址（读出设备地址为 0x01）

地址码	功能码	有效字节数	设备地址值	校验码低位	校验码高位
0x01	0x03	0x02	0x00 0x01	0x78	0x35

【例 2-9】修改设备地址。

要重新设置二氧化碳传感器的设备地址，其指令帧和应答数据帧见表 2-31 和表 2-32。

表 2-31　问询指令帧：修改设备地址

地址码	功能码	起始地址	修改内容	校验码低位	校验码高位
0x01	0x06	0x01 0x00	0x00 0x02	0x09	0x3F

将当前设备地址 1 的地址改为 2。

表 2-32　应答数据帧：修改设备地址

地址码	功能码	修改地址	修改内容	校验码低位	校验码高位
0x01	0x06	0x01 0x00	0x00 0x02	0x09	0xF7

成功将当前设备地址 1 的地址改为 2。

2.4　叶面温度传感器

植物叶面的湿度的大小对叶片的生长是十分重要的，过去人们常常对空气的温度和湿度进行监测，而忽视对叶面温湿度的监测。然而，叶面温湿度更能够反映真实叶面的生长指标。叶面温湿度传感器通过对叶面的温度湿度进行精准测量，实现对植物叶片的生长环境进行实时检测，准确传达数据，达到预防病虫害的目的。

传感器外形采用仿叶片的外形设计，模拟真实的叶面特性，因而能够更准确地反映出叶面环境的情况，外观和尺寸如图 2-5 所示。叶面温湿度传感器通过检测仿叶片上介电常数的变化，来测量叶片水或者冰晶的残留。适宜长期的监测。

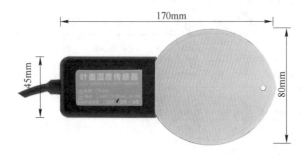

图 2-5　叶面温度传感器外观

2.4.1 产品特性

(1) 探头灵敏度高；

(2) 信号稳定，精度高；

(3) 测量范围宽、线形度好；

(4) 防水性能好、使用方便；

(5) 便于安装、传输距离远等。

2.4.2 设备基本参数

本项目采用的叶面温度传感器，其主要技术参数见表 2-33。

表 2-33　叶面温度传感器参数

参 数 名 称	技 术 指 标
温度测量范围	-20~80℃
湿度测量范围	0~100%RH
温度测量精度	±1℃（25℃典型值）
湿度测量精度	±5%RH（25℃典型值）
温度分辨率	0.01℃
湿度分辨率	0.1%RH
通信端口	RS485 Modbus 协议
供电电源	12~24V DC
最大功耗	≤0.3W（@12V DC，25℃）
运行环境	-40~80℃

2.4.3 设备接线

电源接口为宽电压电源输入 12~24V 均可。模拟量型产品需要注意信号线正负，不要将电流/电压信号线的正负接反，否则可能会损伤设备。接线方法可参考表 2-34。

表 2-34　485 型接线定义

分 类	线 色	说 明
电源	棕色	电源正（12~24V DC）
	黑色	电源负
通信	黄（灰）色	485A+
	蓝色	485B-

注意：不要接错电源、通信线序，错误的接线会导致设备烧毁。同时，电压、电流正输出为有源输出，切不可将电压、电流正输出接到电源正位置，否则会导致设备烧毁。

2.4.4 通信协议基本参数

叶面温度传感器与上位机之间采用 ModBus RTU 协议，使用 CRC 循环冗余校验方式输出传感器取得的叶面温度数据。波特率默认为 9600bit/s，可设置为 2400bit/s、4800bit/s、9600bit/s。通信协议主要参数见表 2-35。

表 2-35　通信协议基本参数

参　　数	内　　容
设备地址	1Byte
通信协议	MODBUS RTU
编码	8bit 二进制
数据位	8bit
奇偶校验位	无
停止位	1bit
错误校准	CRC 冗长循环码
波特率	默认为 9600bit/s，可设置为 2400bit/s、4800bit/s、9600bit/s

2.4.5　数据帧格式定义

要从叶面温度传感器读取传感器值，需要使用 ModBus 通信协议向其发出问询指令，指令帧数据格式见表 2-36；传感器收到与自己地址相同的问询指令帧后，即向 ModBus 总线发送应答数据帧，应答数据帧格式见表 2-37。

表 2-36　问询指令帧格式

地址码	功能码	寄存器起始地址	寄存器长度	校验码低位	校验码高位
1Byte	1Byte	2Byte	2Byte	1Byte	1Byte

表 2-37　应答数据帧格式

地址码	功能码	有效字节数	第一数据区	第 N 数据区	校验位
1Byte	1Byte	1Byte	2Byte	2Byte	2Byte

2.4.6　通信协议示例以及解释

【例 2-10】读取叶面温度值。

要读取叶面温度传感器的叶面温度值，其指令帧和应答数据帧见表 2-38 和表 2-39。

表 2-38　问询指令帧：读取设备温度值

地址码	功能码	起始地址	数据长度	校验码低位	校验码高位
0x01	0x03	0x00 0x20	0x00 0x02	0xC5	0xC1

表 2-39　应答数据帧：获得设备温度值

地址码	功能码	有效字节数	湿度值	温度值	校验码低位	校验码高位
0x01	0x03	0x04	0x02 0x92	0xFF 9B	0x5A	0x3D

温度：当温度低于0℃时以补码形式上传，FF9B（十六进制）= -101（十进制），表示温度值为-10.1℃；

湿度：0292（十六进制）= 658（十进制），表示湿度值为65.8%RH。

【例2-11】修改设备波特率。

要读取叶面温度传感器的叶面温度值，其指令帧和应答数据帧见表2-40和表2-41。

表2-40　问询指令帧：修改设备波特率

地址码	功能码	起始地址	数据长度	校验码低位	校验码高位
0x01	0x06	0x01 0x01	0x00 0x02	0x58	0x37

将设备地址1的波特率修改为9600bit/s。

表2-41　应答数据帧：修改设备波特率

地址码	功能码	修改地址	修改内容	校验码低位	校验码高位
0x01	0x06	0x01 0x01	0x00 0x02	0x58	0x37

成功将设备地址1的波特率修改为9600bit/s。

【例2-12】修改设备波特率。

要修改叶面温度传感器的波特率，其指令帧和应答数据帧见表2-42和表2-43。

表2-42　问询指令帧：查询设备地址（读设备地址）

地址码	功能码	起始地址	数据长度	校验码低位	校验码高位
0xFD	0x03	0x01 0x00	0x00 0x01	0x91	0xCA

表2-43　应答数据帧：查询设备地址（读出设备地址为0x01）

地址码	功能码	有效字节数	设备地址	校验码低位	校验码高位
0xFD	0x03	0x02	0x00 0x91	0x29	0x90

【例2-13】修改设备地址。

要修改叶面温度传感器的设备通信地址，其指令帧和应答数据帧见表2-44和表2-45。

表2-44　问询指令帧：修改设备地址

地址码	功能码	起始地址	修改内容	校验码低位	校验码高位
0x01	0x06	0x01 0x00	0x00 0x02	0x09	0x3F

将当前设备地址1的地址改为2。

表2-45　应答数据帧：修改设备地址

地址码	功能码	有效字节数	设备地址	校验码低位	校验码高位
0xFD	0x06	0x01 0x00	0x00 0x02	0x09	0xF7

成功将当前设备地址1的地址改为2。

2.5　土壤温湿度电导率传感器

　　土壤温湿度电导率传感器适用于土壤总盐量（电导率）的测量，外观和尺寸如图 2-6 所示。土壤电导率传感器极大地方便了客户系统的评估土壤情况。经与德国原装高精度传感器比较土壤温湿度电导率传感器精度高、响应快，输出稳定，适用于各种土质，可长期埋入土壤中，耐长期电解，耐腐蚀，抽真空灌封，完全防水，因此广泛适用于科学实验、节水灌溉、温室大棚、花卉蔬菜、草地牧场、土壤速测、植物培养、污水处理、电导率等的测量。

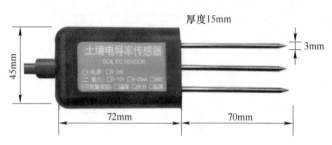

图 2-6　土壤温湿度电导率传感器外观和尺寸

2.5.1　产品特性

　　（1）探头灵敏度高；
　　（2）信号稳定，精度高；
　　（3）测量范围宽、线形度好；
　　（4）防水性能好、使用方便；
　　（5）便于安装、传输距离远等。

2.5.2　设备基本参数

　　本项目采用的土壤温湿度电导率传感器，其主要技术参数见表 2-46～表 2-49。

表 2-46　土壤温湿度电导率传感器参数

参 数 名 称	技 术 指 标
供电电源	12~24V DC
电导率测量范围	0~10000μs/cm
电导率分辨率	10μs/cm
存储环境	−45~115℃
响应时间	<1s
安装方式	全部埋入或探针全部插入被测介质
防护等级	IP68

参 数 名 称	技 术 指 标
电流输出类型	4~20mA
电流输出负载	≤600Ω
电压输出类型	0~5V/0~10V
电压输出负载	≤250Ω
耗电	<1.15W
工作压力范围	0.9~1.1atm（1atm=1.013×10⁵Pa）

表 2-47 模拟量 4~20mA 电流输出

电 流 值	电 导 率
4mA	0μs/cm
20mA	10000μs/cm

计算公式为 $P=(I-4\text{mA})\times625$，其中 I 的单位为 mA。例如当前情况下采集到的数据 I_{out+} 是 8.25mA，此时计算土壤电导率的值为 2656.25μs/cm。

表 2-48 模拟量 0~10V 电压输出

电 压 值	电 导 率
0V	0μs/cm
10V	10000μs/cm

计算公式为 $P=V$，其中 V 的单位为 mV。例如当前情况下采集到的数据 V_{out+} 是 3515mV，此时计算土壤电导率的值为 3515μs/cm。

表 2-49 模拟量 0~5V 电压输出

电 压 值	电 导 率
0V	0μs/cm
5V	10000μs/cm

计算公式为 $P=V\times2$，其中 V 的单位为 mV。例如当前情况下采集到的数据 V_{out+} 是 4228mV，此时计算土壤电导率的值为 8456μs/cm。

2.5.3 通信基本参数

土壤温湿度电导率传感器与上位机之间采用 ModBus RTU 协议，使用 CRC 循环冗余校验方式输出传感器取得的土壤温、湿度和电导率传感器数据。波特率默认为 9600bit/s，可设置为 2400bit/s、4800bit/s、9600bit/s。通信协议主要参数见表 2-50。

表 2-50 通信基本参数

参　数	内　容
设备地址	1Byte
通信协议	MODBUS RTU
编码	8bit 二进制
数据位	8bit
奇偶校验位	无
停止位	1bit
错误校准	CRC 冗长循环码
波特率	默认为 9600bit/s，可设置为 2400bit/s、4800bit/s、9600bit/s

2.5.4 数据帧格式定义

要从土壤温湿度电导率传感器读取传感器值，需要使用 ModBus 通信协议向其发出问询指令，指令帧数据格式见表 2-51；传感器收到与自己地址相同的问询指令帧后，即向ModBus 总线发送应答数据帧，应答数据帧格式见表 2-52。

表 2-51 问询指令帧格式

地址码	功能码	寄存器起始地址	寄存器长度	校验码低位	校验码高位
1Byte	1Byte	2Byte	2Byte	1Byte	1Byte

表 2-52 应答数据帧格式

地址码	功能码	有效字节数	第一数据	第二数据区	第 N 数据区	检验位
1Byte	1Byte	1Byte	2Byte	2Byte	2Byte	2Byte

2.5.5 寄存器地址

土壤温湿度电导率传感器各寄存器地址与值的含义见表 2-53。

表 2-53 寄存器地址

寄存器地址	PLC 组态地址	内　容	操　作
0002H	40003	土壤湿度（单位 0.1%RH）	只读
0003H	40004	土壤温度（单位 0.1℃）	只读
0012H	40013	土壤湿度（单位 0.1%RH）	只读
0013H	40014	土壤温度（单位 0.1℃）	只读
0014H	40015	土壤盐分（单位 1mg/L）	只读
0015H	40016	土壤电导率（单 1μs/cm）	只读
0101H	40102	波特率（2400bit/s、4800bit/s、9600bit/s）	读写

2.5.6 通信协议示例以及解释

【例 2-14】读取土壤温湿度值。

要读取土壤温湿度电导率传感器的土壤温湿度值，问询指令帧和应答数据帧见表 2-54和表 2-55。

表 2-54 问询指令帧：读取土壤温湿度值

地址码	功能码	起始地址	数据长度	校验码低位	校验码高位
0x01	0x03	0x00 0x02	0x00 0x02	0x65	0xCB

表 2-55 应答数据帧：获得土壤温湿度值

地址码	功能码	有效字节数	湿度值	温度值	校验码低位	校验码高位
0x01	0x03	0x04	0x02 0x92	0xFF 9B	0x5A	0x3D

温度：当温度低于 0℃时以补码形式上传，FF9B（十六进制）= -101（十进制），表示温度值为-10.1℃；

湿度：0292（十六进制）= 658（十进制），表示湿度为 65.8%RH。

【例 2-15】读取土壤电导率值。

要读取土壤温湿度电导率传感器的土壤电导率值，问询指令帧和应答数据帧见表 2-56和表 2-57。

表 2-56 问询指令帧：读取设备的土壤电导率

地址码	功能码	起始地址	数据长度	校验码低位	校验码高位
0x01	0x03	0x00 0x14	0x00 0x01	0xC4	0x0E

表 2-57 应答数据帧：获得设备的土壤电导率

地址码	功能码	有效字节数	电导率	校验码低位	校验码高位
0x01	0x03	0x02	0x00 0x69	0x12	0x24

土壤电导率：69（十六进制）= 105（十进制），表示电导率值为 105μs/cm。

2.6 土壤 pH 传感器

本产品广泛适用于土壤酸碱度检测、污水处理等需要 pH 监测的场合。传感器内输入电源、感应探头、信号输出三部分完全隔离。探头采用 pH 电极，信号稳定，精度高。具有测量范围宽、线形度好、防水性能好、抗干扰能力强、使用方便、便于安装、传输距离远、灵敏度高等特点。

2.6.1 设备接线

电源接口为宽电压电源输入 12~24V 均可。模拟量型产品需要注意信号线正负，不要将电流/电压信号线的正负接反，否则可能会损伤设备。接线方法可参考表 2-58。

表 2-58　485 型接线定义

分　类	线　色	说　　明
电源	棕色	电源正（12~24V DC）
	黑色	电源负
通信	黄（灰）色	485A+
	蓝色	485B−

注意：不要接错电源、通信线序，错误的接线会导致设备烧毁。同时，电压、电流正输出为有源输出，切不可将电压、电流正输出接到电源正位置，否则会导致设备烧毁。

2.6.2　通信协议基本参数

土壤 pH 传感器与上位机之间采用 ModBus RTU 协议，使用 CRC 循环冗余校验方式输出传感器取得的 pH 数据。波特率默认为 9600bit/s，可设置为 2400bit/s、4800bit/s、9600bit/s。通信协议主要参数见表 2-59。

表 2-59　通信基本参数

参　数	内　　容
设备地址	1Byte
通信协议	MODBUS RTU
编码	8bit 二进制
数据位	8bit
奇偶校验位	无
停止位	1bit
错误校准	CRC 冗长循环码
波特率	默认 9600bit/s，可设置为 2400bit/s、4800bit/s、9600bit/s

2.6.3　数据帧格式定义

要从土壤 pH 传感器读取传感器值，需要使用 ModBus 通信协议向其发出问询指令，指令帧数据格式见表 2-60；传感器收到与自己地址相同的问询指令帧后，即向 ModBus 总线发送应答数据帧，应答数据帧格式见表 2-61。

表 2-60　问询指令帧格式

地址码	功能码	寄存器起始地址	寄存器长度	校验码低位	校验码高位
1Byte	1Byte	2Byte	2Byte	1Byte	1Byte

表 2-61　应答数据帧格式

地址码	功能码	有效字节数	第一数据	第二数据区	第 N 数据区	检验位
1Byte	1Byte	1Byte	2Byte	2Byte	2Byte	2Byte

2.6.4 寄存器地址

土壤 pH 传感器各寄存器地址与值的含义见表 2-62。

表 2-62 寄存器地址

寄存器地址	PLC 组态地址	内　　容	操　　作
0006H	40007	高精度 pH（单位 0.01pH）	只读
000DH	4000E	低精度 pH（单位 0.01pH）	只读
0100H	40101	设备地址	读写
0101H	40102	波特率（2400bit/s、4800bit/s、9600bit/s）	读写

2.6.5 通信协议示例以及解释

【例 2-16】读取土壤温湿度值。

要读取土壤 pH 传感器的土壤 pH 数据，问询指令帧和应答数据帧见表 2-63 和表 2-64。

表 2-63 问询指令帧：读取设备地址 0x01 的酸碱度值

地址码	功能码	起始地址	数据长度	校验码低位	校验码高位
0x01	0x03	0x00 0x0d	0x00 0x01	0x15	0xC9

表 2-64 应答数据帧：读取设备地址 0x01 的酸碱度值

地址码	功能码	返回有效字节数	数据区	校验码低位	校验码高位
0x01	0x03	0x02	0x00 0x47	0xD8	0x15

读取到的酸碱度为 7.1，酸碱度计算说明：0047（十六进制）＝71（十进制），表示酸碱度值为 7.1。

2.7　土壤盐度电导率二合一传感器

新一代土壤盐分电导率一体化传感器吸取了国外同类仪器的先进技术，结合我国的情况和使用要求个性化研制而成。本产品的外观和尺寸如图 2-7 所示，本产品适用于农业灌溉、花卉园艺、草地牧场、土壤速测、植物培养、科学试验等领域，同时也可以用作地下输油、输气管道及对其他管线的防腐监测等。

2.7.1 产品特性

（1）具备土壤盐分、电导率同时检测功能；
（2）结构简单、性能稳定、操作方便；
（3）采用先进的陶瓷技术，直接埋入土中，免维护；
（4）集成度高、体积小、功耗低、携带方便；
（5）真正实现低成本、低价格、高性能。

图 2-7　土壤盐度电导率二合一传感器外观

2.7.2　技术参数

本项目采用的土壤盐度电导率二合一传感器，其主要技术参数见表 2-65。

表 2-65　土壤盐度电导率二合一传感器技术参数

分　类	盐　分	电　导　率
测量范围	0~15000mg/L	0~20ms/cm
分辨率	1mg/L	0.01ms/cm
准确度	<5%	<5%

电压型（0~5V）：$Y=V/5×15000$，Y 为测量盐分浓度（mg/L），V 为输出电压（V），此式对应盐分测量范围为 0~15000mg/L。

电流型（4~20mA）：$Y=(I-4)/16×15000$，Y 为测量盐分浓度（mg/L），I 为输出电流（mA），此式对应盐分测量范围为 0~15000mg/L）。

电流型（4~20mA）：$Y=(I-4)/16×20$，Y 为测量电导率（ms/cm），I 为输出电流（mA），此式对应电导率测量范围为 0~20ms/cm。

2.7.3　设备接线

电源接口为宽电压电源输入 12~24V 均可。模拟量型产品需要注意信号线正负，不要将电流/电压信号线的正负接反，否则可能会损伤设备。接线方法见表 2-66。

表 2-66　485 型接线定义

分　类	线　色	说　明
电源	棕色	电源正（12~24V DC）
	黑色	电源负

分　类	线　色	说　明
通信	黄（灰）色	485A+
	蓝色	485B-

注意：不要接错电源、通信线序，错误的接线会导致设备烧毁。同时，电压、电流正输出为有源输出，切不可将电压、电流正输出接到电源正位置，否则会导致设备烧毁。

2.7.4　通信协议基本参数

土壤盐度电导率二合一传感器与上位机之间采用 ModBus RTU 协议，使用 CRC 循环冗余校验方式输出传感器取得的测量值数据。波特率默认为 9600bit/s，可设置为 2400bit/s、4800bit/s、9600bit/s。通信协议主要参数见表 2-67。

表 2-67　通信协议基本参数

参　数	内　容
设备地址	1Byte
通信协议	MODBUS RTU
编码	8bit 二进制
数据位	8bit
奇偶校验位	无
停止位	1bit
错误校准	CRC 冗长循环码
波特率	默认为 9600bit/s，可设置为 2400bit/s、4800bit/s、9600bit/s

2.7.5　通信协议示例以及解释

【例 2-17】写入设备通信地址。

要写入土壤盐度电导率传感器的通信地址，指令帧和应答数据帧见表 2-68 和表 2-69。

表 2-68　写入设备地址为 01

地址码	功能码	寄存器地址	校验码低位	校验码高位
0x00	0x10	0x01	0xBD	0xC0

表 2-69　写入设备地址为 01

地址码	功能码	校验码低位	校验码高位
0x00	0x10	0x00	0x7C

【例 2-18】读取设备通信地址。

要读取土壤盐度电导率传感器的通信地址,指令帧和应答数据帧见表 2-70 和表 2-71。

表 2-70 读取设备地址

地址码	功能码	寄存器地址	校验码低位	校验码高位
0x00	0x20	0x00	0x68	0x00

表 2-71 读取设备地址

地址码	功能码	校验码低位	校验码高位
0x00	0x10	0x00	0x7C

2.8 雨量传感器

翻斗式雨量传感器外观和尺寸如图 2-8 所示。翻斗式雨量传感器用于测量自然界降雨量,同时将降雨量转换为以开关量形式表示的数字信息量输出,以满足信息传输、处理、记录和显示等的需要。本仪器严格按照国家标准《翻斗式雨量计》(GB/T 11832—2002)要求设计、生产。本仪器为精密型双翻斗式雨量计,核心部件翻斗采用了三维流线型设计,使翻斗翻水更加流畅,且容易清洗。本仪器出厂时已将翻斗倾角调整、锁定在最佳倾角位置上,不可再在现场调整翻斗倾角调整螺钉,否则容易造成测量精度的偏差。本产品广泛应用于气象站、水文站、农林等有关部门用来测量液体降水量、降水强度、降水时间等。

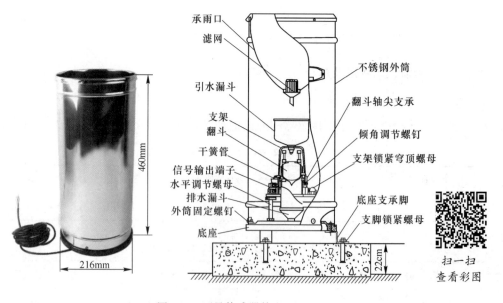

图 2-8 雨量传感器外观

2.8.1 设备基本参数

本项目采用的翻斗式雨量传感器，其主要技术参数见表2-72。

表2-72 雨量传感器

承雨口尺寸	$\phi200\text{mm}$
刃口锐角	$40°\sim45°$
分辨率	0.2mm
雨强范围	≤4mm/min（允许通过最大雨强8mm/min）
测量准确度	≤±3%
发讯方式	两路干簧管或者通、断信号输出
工作环境	环境温度：$-10\sim50$℃；相对湿度：<95%（40℃）

2.8.2 寄存器说明与命令格式

该翻斗式雨量传感器各寄存器地址与值的含义见表2-73。

表2-73 参量数据寄存器定义表

寄存器地址（Hex）	寄存器内容	寄存器个数	寄存器状态	数据范围	默认值
0x002A	雨量值	1	只读	0~20000	—
0x2000	设备号	1	读写	1~127	2
0x2001	波特率	1	读写	9600	9600
0x4000	设备类型	1	只读	固定为3	3
0x4001	版本号	1	只读	传感器版本号值	—
0x4002	清零模式	1	读写	0~3	1
0x4006	存储间隔时间	1	读写	10~600	300
0x4007	数据最大阈值	1	读写	100~60000	20000

常用地址定义说明：

● 雨量值（0x002A）一个计量单位为0.1mm。即如果读出数值为100（或0x64），则表示雨量值为10.0mm。

● 设备号（0x2000）范围：1~127。修改设备号后，重启生效。

● 清零模式（0x4002）：

清零模式地址中的值定义：

0值为断电清零：此模式下传感器断电重启后雨量值归零并重新累计，最大累积到32767封顶不变。

1 值为溢出清零：此模式下雨量值到达设定的溢出值后清零并重新累计值。

2 值为读取清零：此模式下雨量值只要被读取后就会自动清零并重新累计。如果自上电后一直没有读取雨量值则最大累积到 32767 后封顶不变。

3 值为写入清零：此模式下雨量值最大累积到 32467 封顶不变，需要清零时只能向 0x002A 地址写 0（或任意数）。

需要注意的是：除了断电清零模式，其他模式均有掉电保存功能，且保存间隔可设置。

在保存时间间隔内如果断电则会丢失这个时间段的雨量数据。

- 存储间隔时间（0x4006）：

单位：s。范围 10~600s。

在溢出清零模式、读取清零模式和写入清零模式下传感器按照存储间隔时间保存一次当前雨量数据。

- 数据最大阈值（0x4007）：

单位：mm。范围 100~60000（即 10.0~6000.0mm）。

传感器雨量值的最大累计值。在溢出清零模式下雨量值大于等于此值时自动清零。

- 数字滤波系数（0xF011）：

设置范围 0~65535。

消除输入的干扰系数，一般情况下保持出厂值，请勿随意设置。以免引起不必要的故障。

注意：除了 0x002A 地址以外，其他均已在出厂时默认配置，无特殊情况请勿随意修改，否则会造成传感器工作异常。

MODBUS 命令中所有寄存器地址字节、寄存器个数字节、数据字节高位在前，低位在后；CRC 校验码低位字节在前，高位字节在后。

2.8.3　通信协议示例以及解释

【例 2-19】设置设备波特率。

要设置雨量传感器的通信波特率，其指令帧和应答数据帧见表 2-74 和表 2-75。

表 2-74　问询帧：从设备地址 02 号，波特率为 9600bit/s，N，8，1

从设备地址	功能码	起始寄存器地址	寄存器个数	CRC-L	CRC-H
0x02	0x03	0x00 0x2A	0x00 0x01	0xA5	0xF1

表 2-75　应答帧：从设备地址 02 号，波特率为 9600bit/s，N，8，1

从设备地址	功能码	数据区字节数	寄存器数据	CRC-L	CRC-H
0x02	0x03	0x02	0x00 0x00	0xFC	0x44

【例2-20】 设置设备通信地址。

要设置并写入雨量传感器的通信地址，其指令帧和应答帧见表2-76和表2-77。

表2-76 问询帧：从设备地址02号，修改为03号

从设备地址	功能码	起始寄存器地址	寄存器个数	CRC-L	CRC-H
0x02	0x06	0x20 0x00	0x00 0x03	0xc2	0x38

表2-77 应答帧：修改设备地址

从设备地址	功能码	起始寄存器地址	修改后数据	CRC-L	CRC-H
0x02	0x06	0x20 0x01	0x00 0x60	0xD3	0xD1

波特率为100的整数倍，例如9600波特率则应该设置为96，即0x60。

2.9 网络继电器

2.9.1 设备接线

电源接口为宽电压电源输入12~24V均可。模拟量型产品需要注意信号线正负，不要将电流/电压信号线的正负接反，否则可能会损伤设备。接红方法请参考表2-78。

表2-78 485型接线定义

分 类	线 色	说 明
电源	棕色	电源正（12~24V DC）
	黑色	电源负
通信	黄（灰）色	485A+
	蓝色	485B-

2.9.2 设备简单配置

测试通信：打开DAM调试软件，选择正确的COM口（可在Windows设备管理器中查看端口号），9600bit/s，选择正确的设备型号，设备地址254（广播地址），打开串口，如图2-9所示。

单击读取地址，显示读取成功，视为通信成功，注意第一次通信一定要在254bit广播地址下，如图2-10所示。

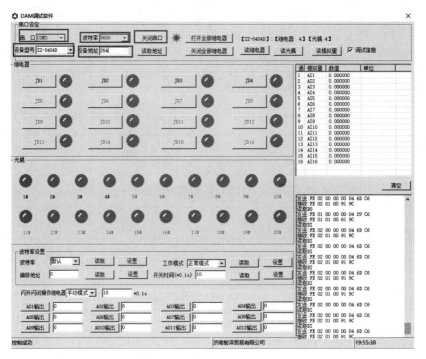

图 2-9　DAM 调试软件打开串口

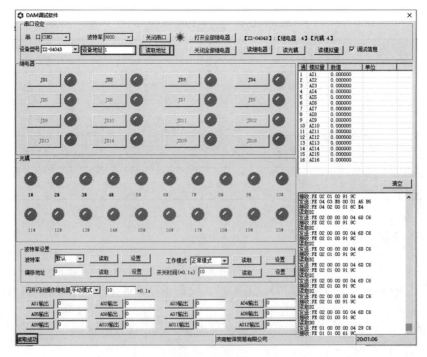

图 2-10　DAM 调试软件读取地址

控制继电器：继电器栏，JD1 等为继电器控制按钮，单击即可控制继电器动作，会有吧嗒的声响，设备有指示灯提示，如图 2-11 所示。

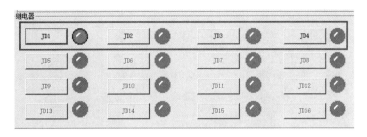

图 2-11 DAM 调试软件控制继电器

修改设备地址：填写偏移地址，单击设置，即可修改设备地址，偏移地址便是设备地址，如图 2-12 所示。

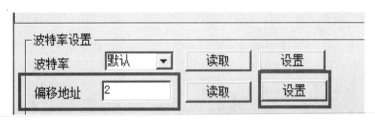

图 2-12 DAM 调试软件修改设备地址

设置完后，再次单击读取地址，便可发现设备地址已经更改，如图 2-13 所示。

图 2-13 DAM 调试软件读取设备地址

修改波特率：选择要修改的波特率，单击设置，设置完成后设备重新上电，下次通信选择修改后的波特率，如图 2-14 所示。

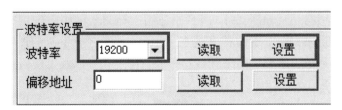

图 2-14 DAM 调试软件修改波特率

监控输入信号（若设备有输入端）：输入端接线，正确接线之后，单击读光耦，可以看到指示灯提醒，开关闭合，光耦处指示灯亮，如图 2-15 所示。

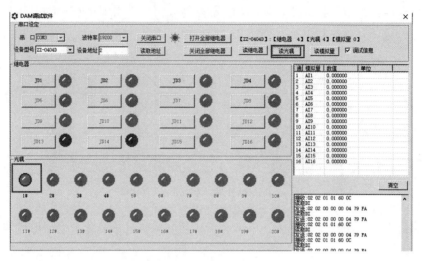

图 2-15　DAM 调试软件监控输入信号

设置工作模式：若需要开关量输入控制继电器输出，请将工作模式设置为"本机非锁联动模式"，如图 2-16 所示。

图 2-16　DAM 调试软件设置继电器工作模式

闪开闪闭控制：首先左下角闪开闪断操作继电器，选择需要的闪开闪断模式，后面是延时时间，之后单击继电器的控制按钮，发现继电器以设置的延时时间通断。

手动模式：对继电器每操作一次，继电器则翻转一次（闭合时断开，断开时闭合）。

闪开模式：对继电器每操作一次，继电器则闭合 1s（实际时间 = 设置数字×0.1）后自行断开。

闪断模式：对继电器每操作一次，继电器则断开 1s（时间可调）后自行闭合。

2.10　土壤氮磷钾传感器

土壤氮磷钾传感器外观如图 2-17 所示，适用于检测土壤中氮磷钾的含量，通过检测土壤中氮磷钾的含量来判断土壤的肥沃程度，进而方便了客户系统的评估土壤情况，广泛适用于稻田、大棚种植、水稻、蔬菜种植、果园苗圃、花卉以及土壤研究等。

图 2-17　土壤氮磷钾传感器设备外观

2.10.1　设备基本参数

本项目采用的土壤氮磷钾传感器，其主要技术参数可参见表2-79。

表 2-79　土壤氮磷钾传感器

参　数	技 术 指 标
测量范围	0~1999mg/kg
测量精度	±2%Fs
分辨率	1mg/kg（mg/L）
响应时间（T90，s）	小于10
工作温度	5~45℃
工作湿度	5%~95%（相对湿度）、无凝结
质保期	主机质保2年，探头质保1年
波特率	2400bit/s、4800bit/s、9600bit/s
通信端口	RS485
供电电源	12~24V DC

2.10.2　设备接线

电源接口为宽电压电源输入12~24V均可。模拟量型产品需要注意信号线正负，不要将电流/电压信号线的正负接反，否则可能会损伤设备。设备接线方法见表2-80。

表 2-80　485 型接线定义

分　类	线　色	说　明
电源	棕色	电源正（12~24V DC）
	黑色	电源负
通信	黄（灰）色	485A+
	蓝色	485B-

注意：不要接错电源、通信线序，错误的接线会导致设备烧毁。同时，电压、电流正输出为有源输出，切不可将电压、电流正输出接到电源正位置，否则会导致设备烧毁。

2.10.3　地表测量方法

选定合适的平坦测量地点，避开乱石，确保探测钢针不会碰到坚硬的物体，按照所需测量深度抛开表层土，保持下面土壤原有的松紧程度，紧握传感器垂直插入土壤，插入时不可左右晃动，一个测点的小范围内建议多次测量求平均值。

2.10.4　埋地测量法

垂直挖直径>20cm的坑，在既定的深度将传感器钢针水平插入坑壁，将坑填埋严实，稳定一段时间后，即可进行连续数天，数月乃至更长时间的测量和记录。

2.10.5 注意事项

（1）测量时钢针必须全部插入土壤里；

（2）避免强烈阳光直接照射到传感器上而导致温度过高。野外使用注意防雷击；

（3）勿暴力折弯钢针，勿用力拉拽传感器引出线，勿摔打或猛烈撞击传感器；

（4）传感器防护等级 IP68，可以将传感器整个泡在水中；

（5）由于在空气中存在射频电磁辐射，不宜长时间在空气中处于通电状态。

2.10.6 通信协议基本参数

土壤氮磷钾传感器与上位机之间采用 ModBus RTU 协议，使用 CRC 循环冗余校验方式输出传感器取得的测量值数据。波特率默认为 9600bit/s，可设置为 2400bit/s、4800bit/s、9600bit/s。通信协议主要参数见表 2-81。

表 2-81 通信协议基本参数

参 数	内 容
设备地址	1Byte
通信协议	MODBUS RTU
编码	8bit 二进制
数据位	8bit
奇偶校验位	无
停止位	1bit
错误校准	CRC 冗长循环码
波特率	默认为 9600bit/s，可设置为 2400bit/s、4800bit/s、9600bit/s

2.10.7 数据帧格式定义

土壤氮磷钾传感器指令帧数据格式见表 2-82，应答数据帧格式见表 2-83。

表 2-82 问询指令帧格式

地址码	功能码	寄存器起始地址	寄存器长度	校验码低位	校验码高位
1Byte	1Byte	2Byte	2Byte	1Byte	1Byte

表 2-83 应答数据帧格式

地址码	功能码	有效字节数	第一数据	第二数据区	第 N 数据区	检验位
1Byte	1Byte	1Byte	2Byte	2Byte	2Byte	2Byte

2.10.8 寄存器说明与命令格式

土壤氮磷钾传感器各寄存器地址与值的含义见表 2-84。

表 2-84　参量数据寄存器定义表

寄存器地址	PLC 或组态地址	内　容	操　作
001EH	4001F（40021）	氮含量（单位 mg/kg）	只读
001FH	40020（40022）	磷含量（单位 mg/kg）	只读
0020H	40021（40023）	钾含量（单位 mg/kg）	只读
0100H	40101	设备地址（0~252bit）	读写
001EH	4001F（40021）	氮含量（单位 mg/kg）	只读
0101H	40102	波特率（2400bit/s、4800bit/s、9600bit/s）	读写

2.10.9　通信协议示例以及解释

【例 2-21】读取土壤氮磷钾数值。

要读取土壤氮磷钾传感器的土壤氮磷钾数据，问询指令帧和应答数据帧见表 2-85 和表 2-86。

表 2-85　问询指令帧：读取设备地址 0x01 的土壤氮磷钾的数值

地址码	功能码	起始地址	数据长度	校验码低位	校验码高
0x01	0x03	0x00 0x1E	0x00 0x03	0x34	0x0D

表 2-86　应答数据帧：读取设备地址 0x01 的土壤氮磷钾的数值

地址码	功能码	有效字数	氮含量	磷含量	钾含量	校验码低位	校验码高位
0x01	0x03	0x06	0x00 0x20	0x00 0x25	0x00 0x30	0x5A	0x3D

氮磷钾含量：

0020（十六进制）＝ 32（十进制），表示氮值为 32mg/kg；

0025（十六进制）＝ 37（十进制），表示磷值为 37mg/kg；

0030（十六进制）＝ 48（十进制），表示钾值为 48mg/kg。

【例 2-22】读取土壤氮数值。

要读取土壤氮磷钾传感器的土壤氮含量数据，问询指令帧和应答数据帧见表 2-87 和表 2-88。

表 2-87　问询指令帧：读取设备地址 0x01 的土壤氮的数值

地址码	功能码	起始地址	数据长度	校验码低位	校验码高位
0x01	0x03	0x00 0x1E	0x00 0x01	0xB5	0xCC

表 2-88　应答数据帧：读取设备地址 0x01 的土壤氮的数值

地址码	功能码	有效字数	氮含量	校验码低位	校验码高位
0x01	0x03	0x02	0x00 0x20	0x5A	0x3D

氮含量：0020（十六进制）＝ 32（十进制），表示氮值为 32mg/kg。

【例 2-23】读取土壤磷数值。

要读取土壤氮磷钾传感器的土壤磷数据，问询指令帧和应答数据帧见表 2-89 和表 2-90。

表 2-89　问询指令帧：读取设备地址 0x01 的土壤磷的数值

地址码	功能码	起始地址	数据长度	校验码低位	校验码高位
0x01	0x03	0x00 0x1F	0x00 0x01	0xE4	0x0C

表 2-90　应答数据帧：读取设备地址 0x01 的土壤磷的数值

地址码	功能码	有效字数	磷含量	校验码低位	校验码高位
0x01	0x03	0x02	0x00 0x25	0x5A	0x3D

磷含量：0025（十六进制）= 37（十进制），表示磷值为 37mg/kg。

【例 2-24】读取土壤钾数值。

要读取土壤氮磷钾传感器的土壤钾的含量数据，问询指令帧和应答数据帧见表 2-91 和表 2-92。

表 2-91　问询指令帧：读取设备地址 0x01 的土壤钾的数值

地址码	功能码	起始地址	数据长度	校验码低位	校验码高位
0x01	0x03	0x00 0x20	0x00 0x01	0x85	0xC0

表 2-92　应答数据帧：读取设备地址 0x01 的土壤钾的数值

地址码	功能码	有效字数	钾含量	校验码低位	校验码高位
0x01	0x03	0x02	0x00 0x30	0x5A	0x3D

钾含量：0030（十六进制）= 48（十进制），表示磷值为 48mg/kg。

2.11　百叶箱传感器

气象百叶箱是一种固定式的多合一地面自动观测设备。观测项目主要包括风向、风速、气温、湿度、大气压、光照度、二氧化碳浓度、PM2.5、PM10、氧气浓度、氨气浓度、硫化氢浓度、噪声等气象要素。气象百叶箱可以广泛应用于城市环境测量，农业监控，工业治理等多种环境，以便采集到更加丰富有效的监测数据。采用防水型气象百叶箱结构，可以适应各种环境的应用，数据采集系统精度准确、运行稳定可靠。工艺精良、具有良好的抗腐蚀性。项目中采用的百叶箱传感器主要技术指标见表 2-93。

表 2-93　百叶箱传感器检测参数

技术参数	测量范围	分辨率	精度	单位	技术参数
温度	-40~125	0.1	±0.2	℃	温度
湿度	0~100	0.1	±3	%RH	湿度
风速	0~60	0.1	±0.3	m/s	风速
风向	16 方向	1 方向	—	—	风向

技术参数	测量范围	分辨率	精度	单位	技术参数
CO_2	0~5000	1	±(50+3%)	ppm	CO_2
PM10	0~999	1	±10Fs	Ug/m^3	PM10
大气压	1~110	0.01	±0.1	kPa	大气压
光照度	0~200000	1	±7%	Lux	光照度
氧气浓度	0~30	0.1	±3Fs	%	氧气浓度
氨气浓度	0~100	0.1	±3Fs	ppm	氨气浓度
硫化氢	0~100	0.1	±3Fs	ppm	硫化氢
噪声	30~130	0.1	±1.5	dB	噪声

2.11.1 设备接线

电源接口为宽电压电源输入12~24V均可。模拟量型产品需要注意信号线正负，不要将电流/电压信号线的正负接反，否则可能会损伤设备。接线方式见表2-94。

表2-94　485型接线定义

分　类	线　色	说　明
电源	棕色	电源正（12~24V DC）
	黑色	电源负
通信	黄（灰）色	485A+
	蓝色	485B-

注意：不要接错电源、通信线序，错误的接线会导致设备烧毁。同时，电压、电流正输出为有源输出，切不可将电压、电流正输出接到电源正位置，否则会导致设备烧毁。

2.11.2 数据帧格式定义

要从百叶箱传感器读取传感器值，需要使用ModBus通信协议向其发出问询指令，指令帧数据格式见表2-95；传感器收到与自己地址相同的问询指令帧后，即向ModBus总线发送应答数据帧，应答数据帧格式见表2-96。

表2-95　问询指令帧格式

校验码低位	地址码	功能码	寄存器起始地址	寄存器长度	校验码高位
1Byte	1Byte	1Byte	2Byte	2Byte	1Byte

表2-96　应答数据帧格式

地址码	功能码	有效字节数	第一数据	第二数据区	第N数据区
1Byte	1Byte	1Byte	2Byte	2Byte	2Byte

2.11.3　寄存器说明与命令格式

该百叶箱传感器各寄存器地址与值的含义见表 2-97。

表 2-97　参量数据寄存器定义表

寄存器地址	PLC 或组态地址	内　容	操　作
0000H	40001	湿度	0.1%RH
0001H	40002	温度	0.1℃
0002H	40003	土壤湿度	0.1%RH
0003H	40004	土壤温度	0.1℃
0004H	40005	PM2.5	1μg/m³
0005H	40006	CO_2 浓度	1ppm
0006H	40007	气体浓度	0.1ppm
0007H	40008	光照度高位	1Lux
0008H	40009	光照度低位	1Lux
0009H	4000a	PM10 浓度	1μg/m³
000aH	4000b	大气压力高位	0.01kPa
000bH	4000C	大气压力低位	0.01kPa
000cH	4000D	噪声值	0.1dB

2.12　风速风向传感器

风是一种自然力量，在农业生产过程中是一种极为重要的气象因素，风对于农业生产的影响有利也有害，既可以为人类造福又可以给人类造成灾害，它直接或间接地影响着农业生产和植物的生长发育。因此，在农业生产活动中，有必要使用风速风向传感器对风进行监测。项目中采用的风速风向传感器外观如图 2-18 所示。

图 2-18　风速风向传感器外观

输出方向数据0°表示北风，90°表示东风，180°表示南风，270°表示西风，其数值与风向的关系参考图2-19。

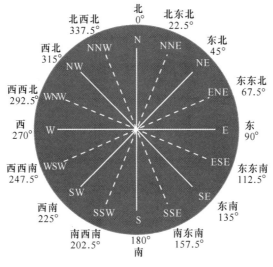

图2-19 风向十六位方向图

2.12.1 技术参数

项目采用的风速风向传感器主要技术参数见表2-98。

表2-98 风速风向传感器技术参数

输出类型	电流输出型	电压输出型	RS485型
量程	16个方向或8个方向（0~360°）		
供电电压	DC 12~24V		
输出信号	4~20mA（三线制）	0.4~2V 或 0~2V 1~5V 或 0~5V	MODBUS协议
负载能力	≤500Ω	≥2kΩ	
使用环境	−20~55℃，相对湿度35%~85%非凝结		
启动风力	≥0.8m/s		
整体功耗（DC 24V）	≤700mW	≤300mW	≤300mW
重量	≤0.5kg		

2.12.2 设备接线

电源接口为宽电压电源输入12~24V均可。模拟量型产品需要注意信号线正负，不要将电流/电压信号线的正负接反，否则可能会损伤设备。接线方式可参考表2-99。

表 2-99 485 型接线定义

线 型	常用颜色	备用颜色
电源线色	红色	
地线线色	黑色	
风速信号线	黄色	黄线—A+
风向信号线	蓝色	蓝色—B-

2.12.3 数据帧格式定义

（1）功能码 0x03——查询从设备寄存器内容，指令帧和应答帧格式见表 2-100。

表 2-100 功能码 0x03 查询从设备寄存器内容

主设备报文	从设备正确报文
从设备地址（0x01~0xFE 1Byte）	从设备地址（0x01~0xFE 1Byte）
功能码（0x03 1Byte）	功能码（0x03 1Byte）
起始寄存器地址（2Byte）	数据区字节数（2×寄存器个数 1Byte）
寄存器个数（2Byte）	数据区（寄存器内容 2×寄存器个数 1Byte）
CRC 校验码（2Byte）	CRC 校验码（2Byte）

（2）功能码 0x06——对从设备寄存器置数，指令帧和应答帧格式见表 2-101。

表 2-101 功能码 0x06 对从设备寄存器置数

主设备报文	从设备正确报文
从设备地址（0x01~0xFE 1Byte）	从设备地址（0x01~0xFE 1Byte）
功能码（0x06 1Byte）	功能码（0x06 1Byte）
起始寄存器地址（2Byte）	数据区字节数（2×寄存器个数 1Byte）
写入寄存器的个数（2×寄存器个数 1Byte）	数据区（寄存器内容 2×寄存器个数 1Byte）
CRC 校验码（2Byte）	CRC 校验码（2Byte）

注意：1. CRC 校验码低位在前、高位在后，寄存器地址，寄存器个数，数据均为高位在前、低位在后；
　　　2. 寄存器字长为 16bit（两个字节）。

2.12.4 寄存器说明与命令格式

该风速风向传感器各寄存器地址与值的含义见表 2-102。

表 2-102 参量数据寄存器定义表

寄存器地址	内 容	状 态	数据范围
0x002A	风速	只读	0~300
0x002B	风向	只读	0~3600
0x2000	设备地址	读写	1~254

注意：命令中所有寄存器地址字节、寄存器个数字节、数据字节高位在前，低位在后；CRC 校验码低位字节在前，
　　　高位字节在后。

2.12.5 通信协议示例以及解释

【例 2-25】修改设备地址。

要修改风速风向传感器的通信地址，问询指令帧和应答数据帧见表 2-103 和表 2-104。

表 2-103 问询帧：从设备地址 02 号，修改为 03 号

从设备地址	功能码	起始寄存器地址	寄存器个数	CRC-L	CRC-H
0x02	0x06	0x20 0x00	0x00 0x03	0xc2	0x38

表 2-104 应答帧：从设备地址 02 号，修改为 03 号

从设备地址	功能码	数据区字节数	寄存器数据	CRC-L	CRC-H
0x02	0x06	0x20 0x00	0x00 0x03	0xc2	0x38

本例从设备地址 02 号，波特率为 9600bit/s，N，8，1；修改设备地址后需重新上电。如果 2000 地址修改后设备地址没有改变，则修改 4000 地址。红线接正极，黑线接负极，黄线接 A+，蓝线接 B−。

2.12.6 安装固定方式

传感器应水平安装，确保数据的准确性（传感器杯体上标注有小白点的位置为默认指北方向）；采用法兰安装方式，传感器下方安装法兰直径 $\phi75mm$，四个安装孔为 $\phi6.6mm$，八个安装孔均匀分布在 $\phi50mm$ 的圆周上。

2.13 紫外辐射传感器

紫外辐射传感器采用光电测探器，接收紫外光波电信号，其外观如图 2-20 所示，尺寸如图 2-21 所示。该产品用来测量大气中的太阳紫外线辐射（UVAβ 波长范围）的精密仪器，与数据采集仪配合使用可提供公众所关心的信息：UV 指数、UV 红斑测量，UV 对人体的影响及 UV 特殊的生物学和化学效应，因此倍受气象、工业、建筑、医学方面的重视，广泛应用于综合环境生态效应、气候变化等科研研究及紫外线监测和预报。

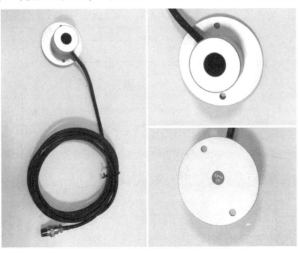

图 2-20 紫外辐射传感器外观

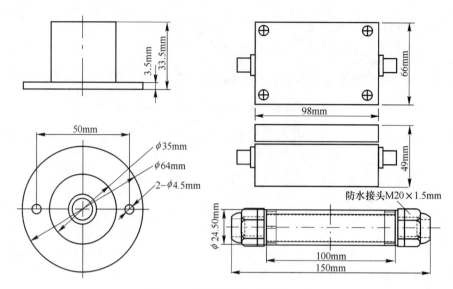

图 2-21 结构尺寸和变送器尺寸

2.13.1 技术参数

该紫外辐射传感器的主要技术指标见表 2-105。

表 2-105 技术参数

测量范围	$0 \sim 200 \mathrm{W/m^2}$
光谱范围	$280 \sim 400 \mathrm{nm}$
余弦响应	≤4%（太阳高度角为 30°时）
响应时间	≤1s（99%）
供电方式	DC 5V/12V/24V
输出形式	电压：0~2.5V/0~5V 电流：4~20mA/RS485
工作环境	温度（−40~50℃），湿度（0~100%RH）
额定电压	300V
温度等级	80℃

2.13.2 计算公式

E 为测量辐射值（$\mathrm{W/m^2}$），V 为输出电压（V），I 为输出电压（mA）；

电压型（0~2.5V 输出）：$E = V/2.5 \times 200$；

电流型（4~20mA 输出）：$E = (I-4)/16 \times 200$。

2.13.3 设备接线

电源接口为宽电压电源输入 12~24V 均可。模拟量型产品需要注意信号线正负，不要将电流/电压信号线的正负接反，否则可能会损伤设备。接线方法参考表 2-106。

表 2-106 485 型接线定义

分 类	线 色	说 明
电源	棕色	电源正（DC 12~24V）
	黑色	电源负
通信	黄（灰）色	485A+
	蓝色	485B-

注意：不要接错电源、通信线序，错误的接线会导致设备烧毁。同时，电压、电流正输出为有源输出，切不可将电压、电流正输出接到电源正位置，否则会导致设备烧毁。

该紫外辐射传感器有脉冲电压、电流两种输出接线方式，分别如图 2-22 和图 2-23 所示。

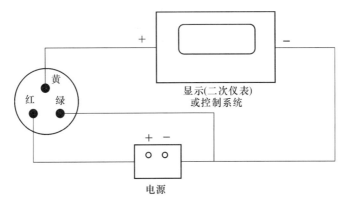

图 2-22 脉冲电压方式接线图

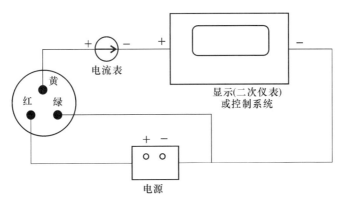

图 2-23 电流输出方式接线图

2.13.4 数据帧格式定义

要从紫外辐射传感器读取传感器值，需要使用 ModBus 通信协议向其发出问询指令，指令帧数据格式见表 2-107；查询传感器地址的指令帧格式见表 2-108；设置传感器地址的指令帧格式见表 2-109。

表 2-107　读取实时数据

发送	Adress 03 00 00 00 01 XX XX
返回	Adress 03 02 XX XX XX XX

表 2-108　读取设备地址

发送	00 20 CRC（4Byte）
返回	00 20 Adress CRC（5Byte）

说明：Adress 为 1Byte，范围为 0～255。

表 2-109　写入设备地址

发送	00 10 Adress CRC（5Byte）
返回	00 10 CRC（4Byte）

说明：读写地址命令的地址位必须是 00。Adress 为 1Byte，范围为 0～255。

第 3 章　智慧农业物联网络系统构建

3.1　物联网云平台简介

本书中所有项目均以"有人云"物联网云平台作为范例使用。物联网云平台是基于智能传感器、无线传输技术、大规模数据处理与远程控制等物联网核心技术与互联网、云计算、大数据等技术高度融合，集传感器数据采集、执行器远程控制、数据分析、预警信息发布、决策支持等功能于一体的物联网系统。每位用户及管理人员可以通过手机、平板、计算机等信息终端，实时掌握传感设备数据，及时获取报警、预警信息，并可以手动/自动地调整控制设备，最终实现使以上管理变得轻松简单的目的。

3.2　物联网边缘网关上云

（1）注册或登录有人通行证：访问有人云官网（http://cloud.usr.cn）注册或登录通行证账号，如图 3-1 所示。

图 3-1　有人云官网首页

扫一扫
查看彩图

（2）添加设备到云端：打开"有人云控制台"，单击"设备管理"，选择"添加设备"，填写设备 SN、MAC/IMEI，开启云组态功能，使用数据透传，完成添加。重新给 G780 上电，设备启动后可立即上线，并可从设备列表查看设备在线状态，如图 3-2 所示。

图 3-2 添加设备到云端

3.3 物联网边缘网关配置工具的使用

在提供的资源包中"USR-G780 网关"目录下有"USR-G780 配置工具 . exe"配置工具，该工具可以配置 USR-G780 网关的相关参数。USR-G780 配置工具界面如图 3-3 所示。

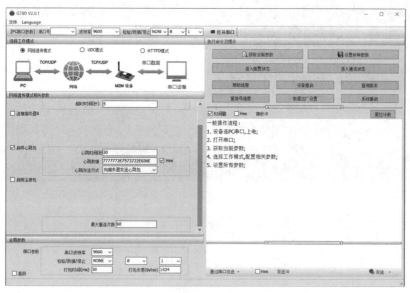

图 3-3 USR-G780 配置工具

USR-G780 网关默认出厂时，波特率已经被配置为 9600bit/s。并且每个网关里已插入一张物联网 SIM 卡，依照下面所述的操作配置完成后在云平台查看即可。

首先，需要将网关按照图 3-4 接线方式与电脑相连接（台式电脑或笔记本电脑二选一即可，网关接线的地方也二选一即可）。

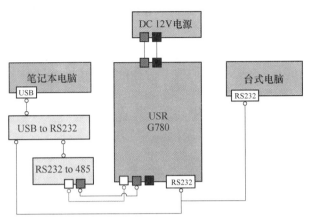

图 3-4　USR-G780 配置接线

通过网关配置工具"USR-G780 网关"按图 3-5 配置相关参数，配置完成后单击右侧"设置所有参数"按钮。

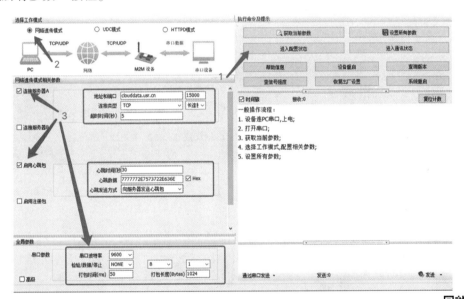

图 3-5　USR-G780 配置

设置完成后，需要将设备断电重启，使设置生效。

扫一扫
查看彩图

3.4　实现数据透传到云平台

通过边缘网关实现"串口终端设备"与"有人云"之间的通信，需要根据表 3-1 给出的样例参数对物联网关进行配置。

表 3-1　透传云平台网关设置参数

工作模式	服务器地址	服务器端口	串口参数	心跳包
网络透传	test. usr. cn	2317	115200，8，1，None	使能，心跳数据：www. usr. cn

向边缘网关 SIM 卡槽内放置 SIM 卡，使用 RS232 串口线或 RS485 转 RS232 将边缘网关连接到电脑串口。打开设置软件，首先选择 RS232 的串口号、波特率等参数，并打开串口，给物联网边缘网关供 12V 直流电，PWR 电源灯亮起，等待约 30s，WORK 工作指示灯亮起，NET 指示灯闪烁和 LINKA 指示灯亮起后进行下一步操作。

待 LINKA 灯亮起后，通过 RS232 串口，给设备发送数据，例如，发送"www.usr.cn"，稍后，回到软件接收窗口，将收到测试服务器返回的"www.usr.cn"字样文本，此测试过程中，请保持参数与图 3-6 中一致。

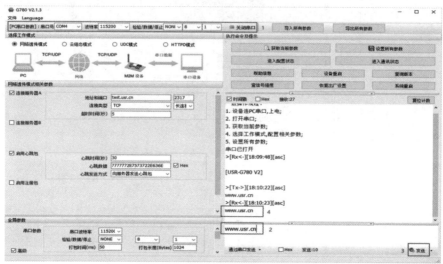

图 3-6　G780 链接串口

扫一扫
查看彩图

完成上述配置完成后可以根据图 3-7 分析整个透传过程中的数据流向。从上图中可以看到，G780 双向收发数据，都得到了实际的体现，进一步反映了 G780 的双向透传功能。

图 3-7　数据透传流向

3.5　云平台数据透传配置

根据图 3-8 数据流图配置好物联网边缘网关，云平台添加网关并依照图 3-9 设置模版为"数据透传"。

从平台打开数据调试页面：云组态→设备管理→设备列表→最右侧"更多"→数据调试，如图 3-10 所示。

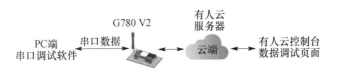

图 3-8 数据透传流向

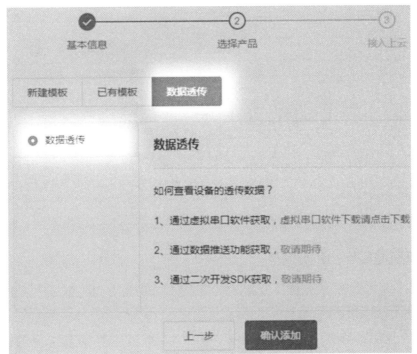

扫一扫
查看彩图

图 3-9 设置模版为"数据透传"

扫一扫
查看彩图

图 3-10 打开数据调试页面

　　通过 RS232 串口，向 DTU 发送字符串"are you ok？"，则 DTU 会将该数据透传到平台上；从平台上发送"ok"反馈，则 DTU 会将数据通过 RS232 串口输出，如图3-11所示。

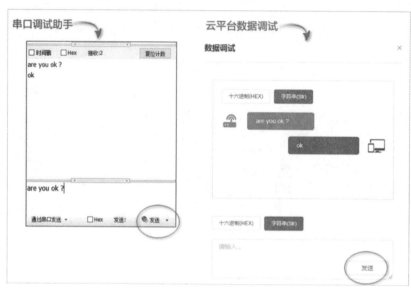

扫一扫
查看彩图

图 3-11　数据调试

3.6　远程配置参数、升级固件

　　打开云平台，选择：云监测→设备管理→设备列表→最右侧"更多"→参数配置/固件升级，如图 3-12 所示。

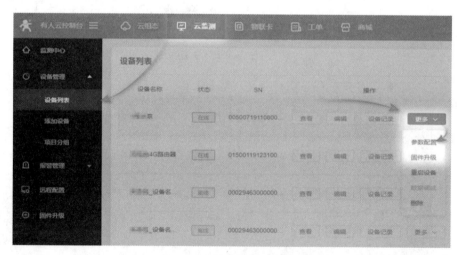

图 3-12　打开参数配置界面

扫一扫
查看彩图

　　如图 3-13 所示，通过 AT 指令配置设备参数。

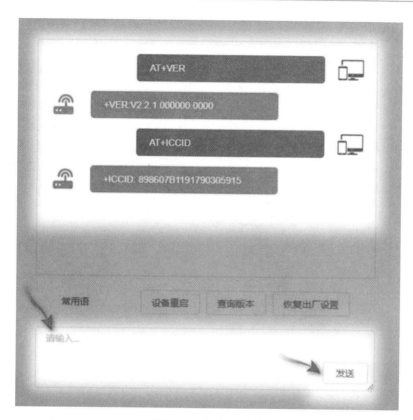

扫一扫
查看彩图

图 3-13　使用 AT 指令

按图 3-14 进行固件升级操作。

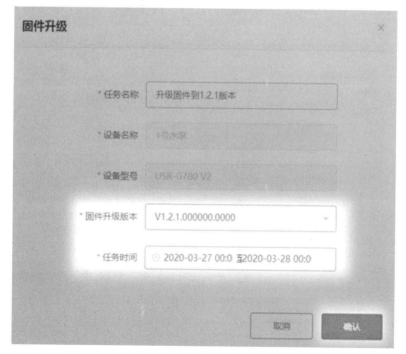

扫一扫
查看彩图

图 3-14　远程固件升级

3.7 二氧化碳传感器调试

如图 3-15 所示，将传感器通过 USB 转 485 正确地连接电脑并提供供电后，可以在电脑中看到正确的 COM 口（在 Windows 的"设备管理器—端口"里面查看 COM 端口号）。

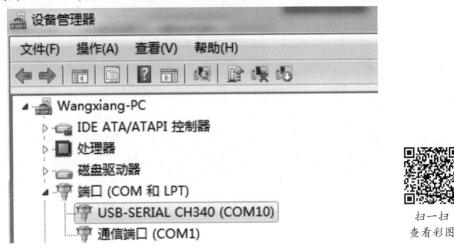

图 3-15 设备管理器 COM 口查看

如图 3-15 所示，此时串口号为 COM10，请记住这个串口，需要在传感器监控软件中填入该串口号。如果在设备管理器中没有发现 COM 口，则意味没有插入 USB 转 485 或者没有正确安装驱动，请在配套资源软件包中寻找驱动安装即可。

获取到串口号并选择正确的串口后，单击自动获取当前波特率和地址即可自动探测到当前 485 总线上的所有设备和波特率。请注意，使用软件自动获取时需要保证 485 总线上只有一个传感器，如图 3-16 所示。

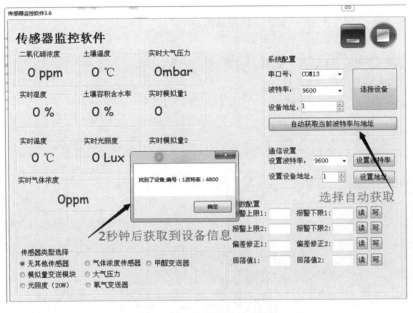

图 3-16 传感器监控软件

然后单击连接设备后即可实时获取传感器数据信息。如果设备是启动浓度传感器，则请在传感器类型处选择"气体浓度传感器"，甲醛传感器选择"甲醛变送器"，模拟量变送器选择"模拟量变送模块"，大气压传感器选择"大气压力传感器"，光照度传感器选择"光照度20W"，氧气传感器选择"氧气变送器"，其他的传感器均选择默认的"无其他传感器"。

修改波特率和设备ID：在断开设备的情况下单击通信设置中的设备波特率和设置地址即可完成相关的设置，请注意设置过后重启设备，然后"自动获取当前的波特率和地址"后，可以发现地址和波特率已经改成用户需要的地址和波特率。

3.8 485 型传感器连接（以土壤 pH 传感器为例）

485 型传感器的线路连接可以参考图 3-17，首先使用 12V 直流电源供电，设备可以直接连接带有 485 接口的 PLC，可以通过 485 接口芯片连接单片机。通过 Modbus 协议对单片机和 PLC 进行编程即可配合传感器的使用。同时使用 USB 转 485 即可与电脑连接，使用资源包中提供的传感器配置工具进行配置和测试。

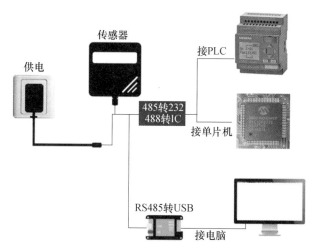

图 3-17　单传感器接线示意图

3.9 Socket 调试工具

在提供的资源包中有"SocketTest.exe"调试工具，该工具可用于调试 Modbus 协议帧在 tcp 传输中是否正常。打开后页面如图 3-18 所示。

使用 USR-G780 配置工具将边缘网关工作模式设置为网络透传模式，服务器 A 设置成 Socket 调试工具右下角显示的 IP，端口设置成右侧本地端口的内容即可，启用心跳包并设置好心跳内容，如图 3-19 所示。

Socket 工具单击打开后，将看到网关发送过来了心跳内容，如图 3-20 所示，看到心跳内容则表示通信正常。

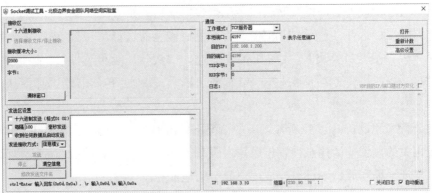

图 3-18　Socket 调试工具

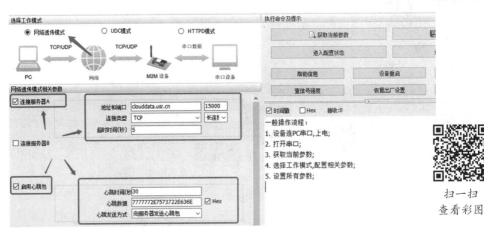

图 3-19　配置网关

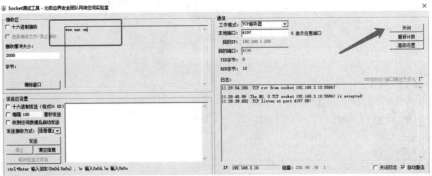

图 3-20　Socket 调试监听

3.10　485 传感器配置工具

调试设备时，可以根据标准 MODBUS RTU 协议来通过串口进行调试，也可以根据每个传感器配备的上位机软件来进行调试。为调试设备时更加快捷，本上位机调试工具内置了本项目大多数传感器设备的信息，可以用来直接进行调试和配置。打开后界面如图 3-21 所示。

扫一扫
查看彩图

图 3-21　485 传感器配置工具

3.11　串口调试工具

在配套对资源包相关目录下，有 "ComMonitor.exe"，该工具可用于调试串口之间的通信，判断传感器是否正常工作。打开后界面如图 3-22 所示。

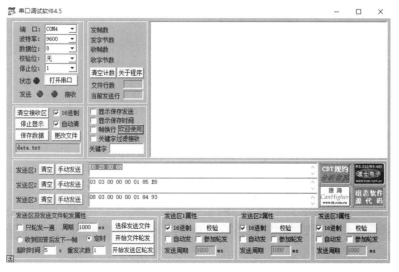

扫一扫
查看彩图

图 3-22　串口调试工具

3.12 传感器监控软件

在配套对资源包相关目录下，有"PC_Software.exe"，该软件可以监测调试包含温湿度、二氧化碳、百叶箱等传感器传回的相关参数。打开后界面如图 3-23 所示。

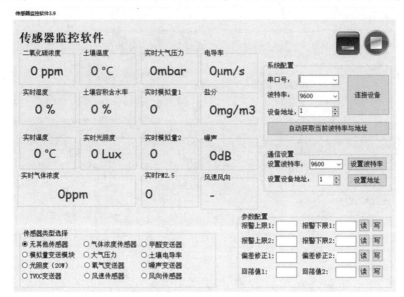

扫一扫
查看彩图

图 3-23 传感器监控软件

3.13 光照紫外调试工具

在配套对资源包相关目录下，有"光照辐射.exe"，该软件用于调试紫外辐射传感器。打开后界面如图 3-24 所示。

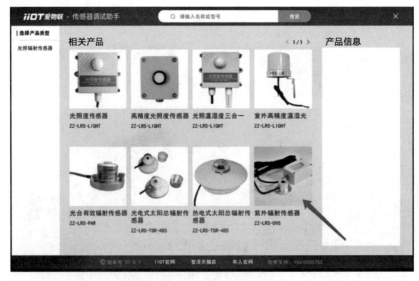

扫一扫
查看彩图

图 3-24 光照紫外调试工具

3.14　雨量传感器

在配套对资源包相关目录下，有"雨雪雨量蒸发量.exe"，该软件用于调试雨量传感器。打开后界面如图3-25所示。

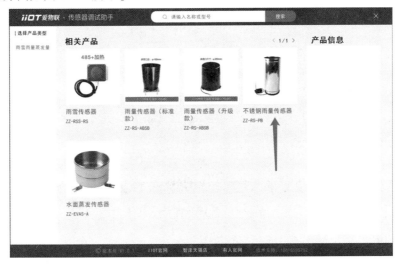

扫一扫
查看彩图

图3-25　雨量传感器

3.15　叶面温度传感器

在配套对资源包相关目录下，有"叶面温湿度调试工具.exe"，该软件用于调试叶面温度传感器。打开后界面如图3-26所示。

扫一扫
查看彩图

图3-26　叶面温度传感器

3.16　风速风向传感器

在配套对资源包相关目录下，有"风速风向调试软件.exe"，该软件用于调试风速风向传感器。打开后界面如图 3-27 所示。

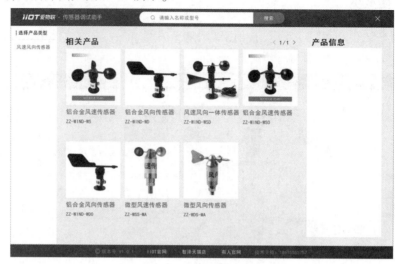

扫一扫
查看彩图

图 3-27　风速风向传感器

3.17　设备调试及安装接线图

设备的调试和正常使用都必须首先确保正确地连接了数据和电源线，在安装和调试时可参考图 3-28~图 3-30。

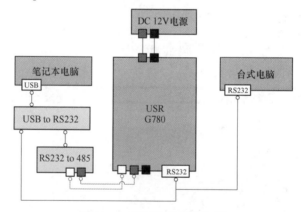

图 3-28　调试边缘网关接线

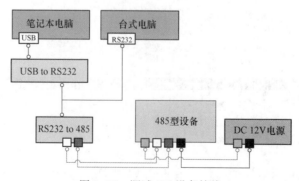

图 3-29　调试 485 设备接线

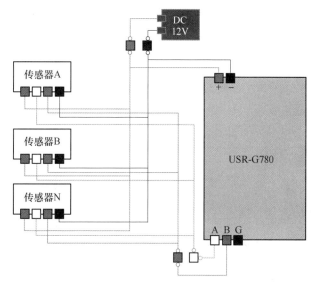

图 3-30　设备安装接线

3.18　RS485/232 Modbus 通信协议

　　Modbus 是一种串行通信协议，是 Modicon 公司（现在的施耐德电气 Schneider Electric）于 1979 年为使用可编程逻辑控制器（PLC）通信而发表。Modbus 已经成为工业领域通信协议的业界标准（De facto），并且现在是工业电子设备之间常用的连接方式之一。

　　首先我们要知道一帧正常的 MODBUS 数据帧包含的内容有：地址域+功能码+数据+差错校验。其格式如图 3-31 所示。

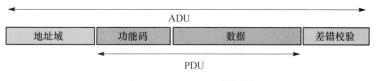

图 3-31　MODBUS 数据帧

3.18.1　通信信息传输过程

　　当通信命令由发送设备（主机）发送至接收设备（从机）时，符合相应地址码的从机接收通信命令，并根据功能码及相关要求读取信息，如果 CRC 校验无误，则执行相应的任务，然后把执行结果（数据）返送给主机。返回的信息中包括地址码、功能码、执行后的数据以及 CRC 校验码。如果 CRC 校验出错就不返回任何信息。

3.18.2　地址域（地址码）

　　地址码是信息帧的第一个字节（8bit），从 0 到 255。每个从机都必须有唯一的地址。在下行帧中，表明只有符合地址码的从机才能接收由主机发送来的信息。在上行帧中，表明该信息来自何处。

备注：如果地址为 0x00，则认为是一个广播命令，就是所有从机要接收主机发来的信息。规约规定广播命令必须是写命令，并且从站也不发送回答。

3.18.3　功能码

功能码是信息帧的第二个字节。ModBus 通信规约定义功能号为 1 到 127。大多数设备只利用其中一部分功能码。下行帧中，通过功能码告诉从机执行什么动作。在上行帧中，从机发送的功能码与主机发送来的功能码一样，并表明从机已响应主机进行的操作，否则表明从机没有响应操作或发送出错。

3.18.4　数据（数据区）

数据区包括需要由从机返送何种信息或执行什么动作。这些信息可以是数据（如：开关量输入/输出、模拟量输入/输出、寄存器等）、参考地址等。例如，主机通过功能码 03 告诉从机返回寄存器的值（包含要读取寄存器的起始地址及读取寄存器的长度），则返回的数据包括寄存器的数据长度及数据内容。对于不同的从机，地址和数据信息都不相同（应给出通信信息表）。

3.18.5　差错校验（CRC 码）

为了保证数据传输的正确性，Modbus 协议会在数据帧最后面加上两个字节的差错校验。CRC 码由发送设备计算，放置于发送信息的尾部。接收信息的设备再重新计算接收到的信息的 CRC 码，比较计算得到的 CRC 码是否与接收到的相符（或将接收到的信息除以约定的除数，应无余数），如果不相符（有余数），则表明出错。它用于保证主机或从机对传送过程中出错的信息起不了作用，增加了系统的安全与效率。

第4章 智慧农业物联网综合运用

4.1 物联网边缘网关设备接入

注册/登录有人通行证：有人云官网（cloud. usr. cn）→右上角"控制台"→注册/登录通行证账号，将设备添加到云端。

（1）添加设备入口：有人云控制台→设备管理→添加设备；

（2）填写设备 SN、MAC/IMEI，开启云组态功能，使用数据透传，完成添加；

（3）重新给 G780 上电，设备启动后可立即上线（如果不重新上电，设备可在一小时内自动上线），可从设备列表，查看设备在线状态，如图 4-1 所示。

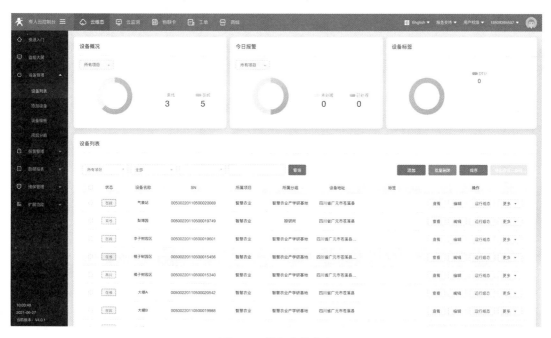

图 4-1 设备在线状态

扫一扫
查看彩图

4.2 网关传感器模板配置

有人云控制台→设备管理→设备模板→添加，如图 4-2 所示。

在弹出的窗口中，填写好自定义的模板名称，采集方式默认选择云端轮询即可，单击"下一步，配置从机和变量"。回到"设备列表"，在之前添加好的设备选项右侧选择编辑，如图 4-3 所示。

图 4-2　添加设备模板

图 4-3　修改设备模板

4.3　传感器添加

在弹出的窗口中，选择对应的协议和产品，并配置号串口序号和从机地址，如图 4-4 所示。

4.4　组态配置

选择设备模版，添加模板后，即可编辑其组态面板，如图 4-5 所示。

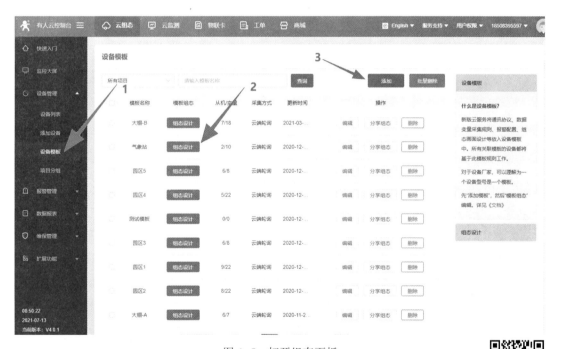

图 4-4 添加传感器

扫一扫
查看彩图

图 4-5 打开组态面板

扫一扫
查看彩图

单击组态设计后，依据个人需求拖拽组件来进行组态即可，如图4-6所示。

4.5 数据大屏

登录有人云（http://cloud.usr.cn）即可看到云组态监控面板，如图4-7所示。

选择监控大屏，即可直观、动态地显示农业园区各类环境动态数据和实时状态，如图4-8所示。

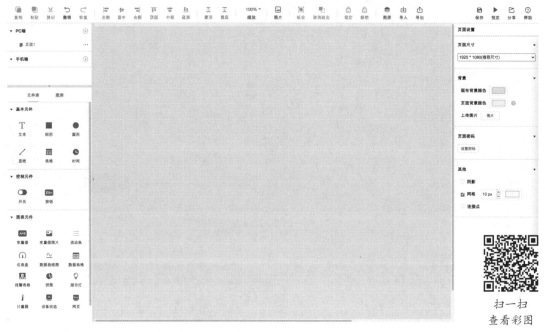

图 4-6　组态面板

扫一扫
查看彩图

图 4-7　打开监控大屏

扫一扫
查看彩图

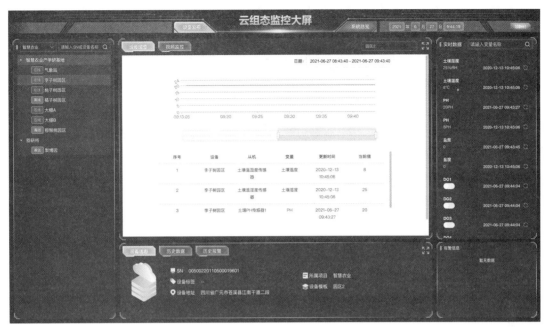

图 4-8 监控大屏

扫一扫
查看彩图

第 5 章 基于云平台的智能决策开发

本项目二次开发方式主要分为两种，其中难度较大的为自有云平台开发，在本书第 6 章中提供相关 API 接口调用参考。为了降低开发难度，提高上手速度，在配套的资源包中提供了一套基于有人云平台，由 ThinkPHP 框架开发的云平台，当设备接入有人云平台时，有开发能力的读者可以进行软件定制开发。

5.1 云平台架构

基于有人云平台二次开发系统架构如图 5-1 所示。

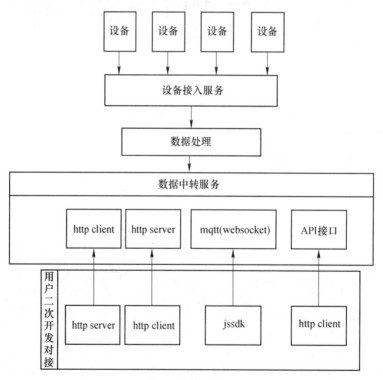

图 5-1 开发架构

5.2 物联网边缘网关信息表

提供的数据为初始数据，在实训完毕或者设备异常时可以根据表格恢复初始数据，参考代码可根据学生兴趣自行阅读并编写相关服务端程序。物联网边缘网关信息表见表 5-1。

表 5-1　物联网边缘网关信息表

位　置	编　号	设备 SN	寄存器数据
大棚 A	01	00500220110500020542	9600
大棚 B	02	00500220110500019988	9600
猕猴桃园区	03	00500220110500018467	9600
李子树园区	04	00500220110500019601	9600
橘子树园区	05	00500220110500015340	9600
桃子树园区	06	00500220110500015456	9600
梨博园	07	00500220110500019749	9600
气象站	08	00500220110500020069	9600

5.3　设备从机编号表（设备清单）

设备从机编号表见表 5-2。

表 5-2　设备从机编号表

位　置	从机地址	设备名称
大棚 A	01	温湿光传感器
	02	二氧化碳传感器
	03	叶面温度传感器
	04	土壤温湿度传感器
	05	土壤 pH 传感器
	06	土壤盐度传感器
	07	土壤氮磷钾传感器
大棚 B	01	土壤温湿度传感器
	02	土壤 pH 传感器
	03	土壤盐度传感器
	04	土壤氮磷钾传感器
	05	继电器 1
	06	继电器 2
	07	继电器 3
猕猴桃园区	01	土壤温湿度传感器 1
	06	土壤温湿度传感器 2
	02	土壤 pH 传感器 1
	07	土壤 pH 传感器 2
	03	土壤盐度传感器 1
	08	土壤盐度传感器 2
	04	土壤氮磷钾传感器 1
	09	土壤氮磷钾传感器 2
	05	继电器

位　　置	从机地址	设 备 名 称
李子树园区	01	土壤温湿度传感器 1
	06	土壤温湿度传感器 2
	02	土壤 pH 传感器 1
	07	土壤 pH 传感器 2
	03	土壤盐度传感器 1
	08	土壤盐度传感器 2
	04	土壤氮磷钾传感器 1
	09	土壤氮磷钾传感器 2
	05	继电器
橘子树园区	01	土壤温湿度传感器 1
	06	土壤温湿度传感器 2
	02	土壤 pH 传感器 1
	07	土壤 pH 传感器 2
	03	土壤盐度传感器 1
	08	土壤盐度传感器 2
	04	土壤氮磷钾传感器 1
	09	土壤氮磷钾传感器 2
	05	继电器
桃子树园区	01	土壤温湿度传感器 1
	06	土壤温湿度传感器 2
	02	土壤 pH 传感器 1
	07	土壤 pH 传感器 2
	03	土壤盐度传感器 1
	08	土壤盐度传感器 2
	04	土壤氮磷钾传感器 1
	09	土壤氮磷钾传感器 2
	05	继电器
梨博园	01	土壤温湿度传感器 1
	06	土壤温湿度传感器 2
	02	土壤 pH 传感器 1
	07	土壤 pH 传感器 2
	03	土壤盐度传感器 1
	08	土壤盐度传感器 2
	04	土壤氮磷钾传感器 1
	09	土壤氮磷钾传感器 2

位　置	从机地址	设 备 名 称
气象站	01	雨量传感器
	02	百叶箱传感器
	03	风速风向传感器
	04	紫外辐射传感器
	05	LED 显示屏
	03	风速风向传感器

5.4　MODBUS 协议通信服务端后端参考代码

5.4.1　初始化

```
//初始化配置文件
viper. AddConfigPath(".")     //配置文件路径
    viper. SetConfigType("json")     //配置文件类型
    viper. SetConfigName("config. json")  //配置文件名称

//判断文件读取状态
If err : = viper. ReadInConfig( );err ! = nil {
    fmt. Printf("读取配置文件异常:%s\n", err)
    os. Exit(1)
}
//读取配置文件
webPort : = viper. Get("webPort"). (string)     //Web 服务端口号
msgApi : = viper. Get("msgApi"). (string)     //消息服务 API
socketPort : = viper. Get("socketPort"). (string)     //SOCKET 服务端口号
apiAuthUsername : = viper. Get("apiAuth. username"). (string) //鉴权用户账户
apiAuthPassword : = viper. Get("apiAuth. password"). (string) //鉴权用户密码

//打印配置信息
log. Println("WEB 服务端口号:", webPort)
log. Println("主动发信地址:", msgApi)
log. Println("SOCKET 服务端口号:", socketPort)
log. Println("鉴权用户账户:", apiAuthUsername)
log. Println("鉴权用户密码:", apiAuthPassword)

//启动服务
log. Println("设备控制服务器已启动! 正在开启 Web 服务和 socket 服务监听线程!")
go web(webPort)     //API 接口服务线程
go socket(socketPort,msgApi)     // socket 通信服务线程
log. Println("服务启动成功!")

//主线程心跳上报
for {
    sendModBus( )
    log. Println("上报 Modbus 协议设备控制微服务心跳成功!")
    time. Sleep(time. Duration(30) * time. Second)     //心跳上报延时
}
```

5.4.2　Web 服务

```go
// web
func web(webPort string) {

// 配置路由
http.HandleFunc("/", index)    // 首页
http.HandleFunc("/push", push) // 发送消息

err := http.ListenAndServe(":" + webPort, nil) // 设置监听的端口
if err != nil {
        log.Fatal("Web 端口监听异常:", err)
    }

}
```

5.4.3　Socket 服务

```go
// socket
func socket(socketPort string, msgApi string) {
// 建立 tcp 服务
    listen, err := net.Listen("tcp", "0.0.0.0:"+socketPort)
    if err != nil {
        fmt.Printf("TCP 通信端口监听异常:%v\n", err)
return }

for {
    // 等待客户端建立连接
    conn, err := listen.Accept()
    if err != nil {
            fmt.Printf("客户端链接建立异常:%v\n", err)
    continue
        }
        log.Println("新设备上线!")
    // 启动一个单独的 goroutine 去处理连接
    go process(conn, msgApi)
        }

}
```

5.4.4　链接处理

```go
// process
func process(conn net.Conn, msgApi string) {

// 处理完关闭连接
defer conn.Close()

// 针对当前连接做发送和接收操作
for {

reader := bufio.NewReader(conn)
var buf [32byte
```

```
n, err := reader. Read( buf[ :)
if err ! = nil {
        log. Println("读取设备链接失败:%v\n", err)
break
        }


recv := string( buf[ :n)
        log. Printf("收到的数据:%v\n", recv)
        log. Println("16 进制位:", BytetoHex( buf[ :) )

// 判断是否下发指令
if recv == device {

            log. Println("接收到操作指令:" + cmd)
// 将接收到的数据返回给客户端
arr := Hexarr( cmd)
            log. Println("编码后二进制指令:", arr)
_, err = conn. Write( arr)

if err ! = nil {
            fmt. Printf("发送数据到链接失败:%v\n", err)
break
            }

            log. Println("发送命令成功!")
cmd = ""
device = ""
            log. Println("清空全局指令成功!")

        }

    }
}
```

5.4.5   16 进制文本转字节数组

```
// Hexarr
func Hexarr( str string) [ byte {

slen := len( str)
bHex := make( [ byte, len( str)/2)
ii := 0
for i := 0; i < len( str); i = i + 2 {
if slen ! = 1 {
ss := string( str[ i) + string( str[ i+1)
bt, _ := strconv. ParseInt( ss, 16, 32)
        bHex[ ii = byte( bt)
ii = ii + 1
slen = slen − 2
        }
    }
return bHex
}
```

5.4.6　字节转 16 进制数组

```
// BytetoHex
func BytetoHex( b [ byte) ( H string) {
H = fmt. Sprintf("%x", b)
return
}
```

5.4.7　CRC 校验函数

```
int CRC_Check( char * m_Data,short m_Size)
{
int i0,i1;
char CRC16Lo,CRC16Hi; //CRC 寄存器
char SaveHi,SaveLo;
CRC16Lo = 0xFF;
CRC16Hi = 0XFF;
for(i0=0;i0<m_Size;i0++)
{
CRC16Lo = CRC16Lo ^ * (m_Data+i0); //每一个数据与 CRC 寄存器进行
异或
for(i1=0;i1<8;i1++)
{
SaveHi = CRC16Hi;
SaveLo = CRC16Lo;
CRC16Hi >>=1; //高位右移一位
CRC16Lo >>=1; //低位右移一位
if((SaveHi & 1) == 1) //如果高位字节最后一位为 1
{
CRC16Lo |=0x80; //则低位字节右移后前面补 1
}
if((SaveLo & 1) == 1) //如果 LSB 为 1,则与多项式码进行异或
{
CRC16Hi ^=0XA0;
CRC16Lo ^=1;
}
}
}
return ( CRC16Hi << 8 )| CRC16Lo;
}
```

第6章 云平台二次开发接口

在进行基于云平台的物联网应用二次开发时，经常需要用到云平台提供的开发接口。以下是来自有人云平台的公开接口，读者可以在基于云平台的二次开发中查阅参考。

6.1 调用 API 限制

默认每个接口每小时的调用次数不能超过 100 次；用户相关接口限制针对用户，设备相关接口限制针对设备。

登录接口每小时的调用次数不能超过 60 次。

调用次数超过规定限制会触发流控机制。对接口进行恶意调用，平台可在不通知用户的情况下对调用 IP 进行限制。

6.2 用户登录

接口描述：

用户登录认证（账号密码为有人云账号密码，非有人通行证账号密码）。

请求 URL：

https://openapi. mp. usr. cn/usrCloud/user/login。

请求方式：

POST。

调用限制：

登录接口每小时的调用次数不能超过 60 次。

响应参数：

名称	必选/可选	类型	位置	说　　明
Content-Type	必选	String	Header	消息体的媒体类型，必须为"application/json"
account	必选	String	Body	账号名称（用户名、手机号或邮箱）
password	必选	String	Body	md5 加密的密码

请求参数：

名称	类型	说明
data	JSONObject	响应数据
info	String	提示消息
status	Integer	返回码

响应数据（data）：

名称	类型	说　明
account	String	账号名称（用户名）
uid	Integer	用户 id
token	String	登录成功时返回的登录凭证（注意：token 有效时间为 2h，2h 内可以重复使用）

返回码说明：

返回码	说　明
0	成功
1000	密码错误
1002	用户名不能为空
1004	密码为空
1006	账号没有被激活
1007	账号被锁定
1008	账号不存在
5002	没有发现参数

请求示例：

```
POST https://openapi. mp. usr. cn/usrCloud/user/login
Content-Type：application/json
{
    "account"："your account",
    "password"："your password"
}
```

响应示例：

```
status：0,info：ok
Content-Type：application/json
{
    "data"：{
    "account"："your account",
    "uid"：7,
    "token"
"eyJhbGciOiJIUzI1NiJ9. eyJzdWIiOiJ0b29idWciLCJ1aWQiOjgz..."
    },
    "info"："ok",
    "status"：0
}
```

6.3　编辑用户信息

简要描述：

编辑用户信息。

请求 URL：

https://openapi. mp. usr. cn/usrCloud/user/editUser。

请求方式：

POST。

请求参数：

名称	必选/可选	类型	位置	说　明
token	必选	String	Header	登录成功时返回的登录凭证（注意：token 有效时间为2h，2h 内可以重复使用）
Content-Type	必选	String	Header	消息体的媒体类型，必须为"application/json"
account	必选	String	Body	账号名称
company	可选	String	Body	公司
email	可选	String	Body	邮箱
tel	可选	String	Body	电话
address	可选	String	Body	地址
remark	可选	String	Body	备注
headImg	可选	String	Body	头像地址

响应参数：

名称	类型	说明
info	String	提示消息
status	Integer	返回码

返回码说明：

返回码	说　明
0	成功
1000	密码错误
1002	用户名不能为空
1004	密码为空
1006	账号没有被激活
1007	账号被锁定
1008	账号不存在
5002	没有发现参数

请求示例：

POST https://openapi. mp. usr. cn/usrCloud/user/editUser
Content-Type：application/json
{
　　"account"："test1"，
　　"company"："usr"，
　　"email"："1394645242@ qq. com"，
　　"tel"："17734401254"，

```
        "address"："这是个测试地址",
        "remark"："我是备注",
        "headImg"："1566203436704_0381.jpg"
    }
```

响应示例：

```
    status：0,info：ok
    Content-Type：application/json
    {
        "info"："ok",
        "status"：0
    }
```

6.4　获取用户信息

简要描述：

获取用户信息。

请求 URL：

https://openapi. mp. usr. cn/usrCloud/user/getUser。

请求方式：

POST。

请求参数：

名称	必选/可选	类型	位置	说　　明
token	必选	String	Header	登录成功时返回的登录凭证（注意：token 有效时间为 2h，2h 内可以重复使用）
Content-Type	必选	String	Header	消息体的媒体类型，必须为 "application/json"
account	必选	String	Body	账号名称

响应参数：

名称	类型	说　　明
data	JSONObject	响应数据
info	String	提示消息
status	Integer	返回码

响应数据（data）：

名称	类型	说　　明
ID	INTEGER	用户 ID
ACCOUNT	STRING	账号名称
ADDRESS	STRING	地址
AUTOWORK	INTEGER	创建工单类型（0＝自动创建，1＝手动创建）
COMPANY	STRING	公司名
EMAIL	STRING	邮箱

续表

名称	类型	说　　明
HEADIMG	STRING	用户头像
LAST_LOGIN_IP	STRING	最后一次登录 IP
LAST_LOGIN_TIME	STRING	最后一次登录时间
LOCKED	INTEGER	账号锁定，状态（0＝正常，1＝锁定）
LOGIN_COUNT	INTEGER	登录次数
PACCOUNT	STRING	上级用户账号
PROJECTIDS	JSONARRAY	项目 ID 列表
REMARK	STRING	备注
TEL	STRING	电话
TYPE_ID	INTEGER	用户类型（1＝一级用户，0＝二级用户，3＝三级用户，4＝四级用户）
USRUSERLEVEL	INTEGER	有人云用户级别（1＝一级用户，2＝二级用户，3＝三级用户，4＝四级用户）
USRUSERTYPE	INTEGER	用户类型
VIPLEVEL	INTEGER	会员等级（0＝普通用户，1＝一级会员）
WECHATNAME	STRING	微信昵称

返回码说明：

返回码	说　　明
0	成功
5004	权限不足

请求示例：

POST https://openapi. mp. usr. cn/usrCloud/user/getUser
Content－Type：application/json
{
　　"account"："test2"
}

响应示例：

status：0, info：ok
Content－Type：application/json
{
　　"data"：{
　　　　"id"："1001",
　　　　"account"："test2",
　　　　"address"："山东省济南市高新区美莲广场 1 号楼 11 层",
　　　　"autoWork"：1,
　　　　"company"："usr",
　　　　"email"："123456@ qq. com",
　　　　"headlmg"："1566203436704_0381. jpg",
　　　　"last_login_ip"："123. 232. 33. 242",
　　　　"last_login_time"：1567647805,
　　　　"locked"：0,

```
        "login_count" : 1514,
        "pAccount" : "",
        "projectIds" : [54038],
        "remark" : "嘻嘻嘻备注",
        "tel" : "17806263929",
        "type_id" : 1,
        "usrUserLevel" : 1,
        "usrUserType" : 101,
        "vipLevel" : 0,
        "wechatName" : ""
    },
    "info" : "ok",
    "status" : 0
}
```

6.5　根据用户查询用户创建的角色

简要描述：

　　根据用户查询用户创建的角色。

请求 URL：

　　https://openapi. mp. usr. cn/usrCloud/role/getUserCreateRole。

请求方式：

　　POST。

请求参数：

名称	必选/可选	类型	位置	说　　明
token	必选	String	Header	登录成功时返回的登录凭证（注意：token 有效时间为 2h，2h 内可以重复使用）
Content−Type	必选	String	Header	消息体的媒体类型，必须为"application/json"
systemId	必选	Integer	Body	系统 id（具体有什么值代表什么需要细化）

响应参数：

名称	类型	说明
data	JSONArray	响应数据
info	String	提示消息
status	Integer	返回码

响应数据（data）：

名称	类型	说明
createDate	String	创建时间
description	String	说明
id	String	角色 id
name	String	角色名称

续表

名称	类型	说明
orders	String	排序
systemId	String	系统 id
type	String	角色类型
userId	String	所属用户 id

返回码说明：

返回码	说　明
0	成功

请求示例：

POST https://openapi. mp. usr. cn/usrCloud/role/getUserCreateRole

Content-Type：application/json

{

　　"systemId"：301

}

响应示例：

status：0,info：ok

Content-Type：application/json

{

　　"data"：[

　　　　{

　　　　"createDate"：1565723589000,

　　　　"description"："",

　　　　"id"：752,

　　　　"name"："测试",

　　　　"orders"：0,

　　　　"systemId"：301,

　　　　"type"：0,

　　　　"userId"：22556

　　　　},{

　　　　...

　　　　}

　　　　],

　　"info"："ok",

　　"status"：0

}

6.6　用户关联角色

简要描述：

　　用户关联角色。

请求 URL：

　　https://openapi. mp. usr. cn/usrCloud/role/addUserRoleNexusDelOld。

请求方式：

POST。

请求参数：

名称	必选/可选	类型	位置	说　明
token	必选	String	Header	登录成功时返回的登录凭证（注意：token 有效时间为 2h，2h 内可以重复使用）
Content-Type	必选	String	Header	消息体的媒体类型，必须为"application/json"
roleIds	必选	JSONArray	Body	角色 ids
systemId	可选	String	Body	系统 id
grantUId	可选	String	Body	被授予人 id

响应参数：

名称	类型	说明
info	String	提示消息
status	Integer	返回码

返回码说明：

返回码	说　明
0	成功
1600	添加失败

请求示例：

POST https://openapi. mp. usr. cn/usrCloud/role/addUserRoleNexusDelOld
Content-Type：application/json
{
　　"roleIds"：[
　　　　764,
　　　　772
　　],
　　"systemId"：301,
　　"grantUId"：1234
}

响应示例：

status：0,info：ok
Content-Type：application/json

{
　　"info" : "ok",
　　"status" : 0
}

6.7 获取某个用户的设备列表

简要描述：

获取某个用户的设备列表。

请求 URL：

https://openapi.mp.usr.cn/usrCloud/vn/dev/getDevsForVn。

请求方式：

POST 请求。

请求参数：

名称	必选/可选	类型	位置	说　　明
token	必选	String	Header	登录成功时返回的登录凭证（注意：token 有效时间为 2h，2h 内可以重复使用）
Content-Type	必选	String	Header	消息体的媒体类型，必须为"application/json"
uid	必选	String	Body	用户 id

响应参数：

名称	类型	说明
data	JSONObject	响应数据
info	String	提示消息
status	Integer	返回码

响应数据（data）：

名称	类型	说明
devices	String	设备相关信息

响应数据（devices）：

名称	类型	说明
id	String	设备相关信息
devid	String	设备相关信息
name	String	设备相关信息

返回码说明：

返回码	说　　明
0	成功

请求示例：

POST https：//openapi. mp. usr. cn/usrCloud/vn/dev/getDevsForVn

Content-Type：application/json

{

　　"uid"：25977

}

响应示例：

status：0,info：ok

Content-Type：application/json

{

　　"status"：0,

　　"data"：{

　　　　"devices"：[

　　　　　　{

　　　　　　　　"id"：412,

　　　　　　　　"devid"："999888816070100000104",

　　　　　　　　"name"："999888816070100000104"

　　　　　　}

　　　　]

　　}，

　　"info"："ok"

}

6.8　获取设备详情

简要描述：

获取设备详情。

请求 URL：

https：//openapi. mp. usr. cn/usrCloud/dev/getDevice。

请求方式：

POST。

请求参数：

名称	必选/可选	类型	位置	说　　明
token	必选	String	Header	登录成功时返回的登录凭证（注意：token 有效时间为 2h，2h 内可以重复使用）
Content-Type	必选	String	Header	消息体的媒体类型，必须为"application/json"
deviceId	必选	String	Body	设备的 SN

响应参数：

名称	类型	说明
data	JSONObject	响应数据
info	String	提示消息
status	Integer	返回码

响应数据 （data）:

名称	类型	说明
device	JSONObject	设备详情
deviceSlaves	JSONObject	从机详情
slaveTotal	Integer	从机数量
deviceTags	JSONObject	设备标签数量

响应数据 （device）:

名称	类型	说　明
id	Integer	主键 id
account	String	账号名称
address	String	地址
alarmStatus	Integer	报警状态（0=正常，1=报警）
deviceId	String	设备的 SN
groupId	String	分组 id
img	String	图片地址
name	String	设备名称
onlineStatus	Integer	离线状态（0=离线，1=在线）
pass	String	通信密码
position	String	经纬度
protocol	Integer	通信协议 [0=Modbus RTU，1=Modbus TCP，2=TCP 透传，3=DL/T645-97，4=DL/T645-07，5=烟感协议，6=PLC 联网终端数据分发协议，101=新版 plc 云网关（s7comm 协议）]
templateId	Integer	模板 id
type	Integer	设备类型（0=默认设备，1=lora 集中器，2=CoAP/NB-IoT，3=lora 模块，4=网络 id，5=扫码支付）
updateTime	String	设备更新时间
createTime	String	设备创建时间
weight	Integer	权重（自定义排序）
ownerUid	Integer	设备所属用户 id
status	Integer	设备状态（1=已启用，2=已禁用）
sn	String	设备 sn
templateName	String	设备关联模板名称
groupName	String	设备所属分组名称
positionType	Integer	设备定位类型（0=不定位，1=固定位置，2=设备自动定位）
projectId	Integer	设备所属项目 id
projectName	String	设备所属项目名称
funcCloud	Integer	是否开启云组态功能（1=开启，0=关闭）

续表

名称	类型	说　明
funcMonitor	Integer	是否开启云监测功能（1=开启，0=关闭）
isBindAlarmConfig	Integer	是否绑定报警配置（0=未绑定，1=已绑定）
isTransProtocol	Integer	是否为透传协议设备（0=不是，1=是）
deviceStatus	JSONObject	设备状态集合

响应数据（deviceStatus）：

名称	类型	说　明
deviceId	String	设备的 SN
onlineOffline	Integer	离线状态（0=离线，1=在线）
set	Integer	配置（0=不配置，1=配置中）
sync	Integer	同步（0=不同步，1=同步中）
datapointAlarm	Integer	数据点报警（0=不报警，1=报警中）
forbidden	Integer	是否禁用（0=不禁用，1=禁用）
monitorAlarm	Integer	云监测报警（0=不报警，1=报警中）
onlineTime	Integer	上线时间

响应数据（deviceSlaves）：

名称	类型	说明
createDt	String	创建时间
creator	Integer	创建人 id
deviceTemplateId	Integer	设备模板 id
id	String	设备 id
slaveIndex	String	从机编号
slaveIp	Integer	从机 ip
slaveName	String	从机名称
slavePort	Integer	从机端口
updateDt	Integer	从机更新时间
updator	Integer	更新人 id
userId	Integer	用户 id

响应数据（deviceTags）：

名称	类型	说明
deviceNo	String	设备的 SN
creator	Integer	创建人 id
id	Integer	标签 id
tagName	String	标签类别

续表

名称	类型	说明
tagValue	String	标签名称

返回码说明：

返回码	说 明
0	成功
2014	设备不存在
5004	权限不足
5106	参数不完整
5126	请求太频繁

请求示例：

POST https：//openapi. mp. usr. cn/usrCloud/dev/getDevice
Content-Type：application/json
{
    "deviceId"："WSC20190523001"
}

响应示例：

status：0,info：ok
Content-Type：application/json
{
    "data"：{
        "device"：{
            "id"：50785,
            "account"："test2",
            "address"："山东省济南市历下区",
            "alarmStatus"：0,
            "deviceId"："00000000000000000001",
            "groupId"：0,
            "img"："",
            "name"："测试",
            "onlineStatus"：0,
            "pass"："12346578",
            "position"："117. 02496707,36. 68278473",
            "protocol"：101,
            "templateId"：117,
            "type"：10,
            "createTime"：1610333543,
            "updateTime"：1551343426,
            "weight"：0,
            "ownerUid"：23598,
            "status"：1,
            "sn"："00000000000000000001",

```
            "templateName": "kk-云端轮询2",
            "groupName": "我的分组",
            "positionType": 1,
            "projectId": 44622,
            "projectName": "项目二",
            "funcCloud": 1,
            "funcMonitor": 0,
            "isBindAlarmConfig": 0,
            "isTransProtocol": 0,
            "deviceStatus": {
                "deviceId": "00000000000000000001",
                "onlineOffline": 0,
                "update": 0,
                "set": 0,
                "sync": 0,
                "datapointAlarm": 0,
                "forbidden": 0,
                "monitorAlarm": 0,
                "onlineTime": 0
            }
        }
    },
    "deviceSlaves": [
        {
            "createDt": 1551086130000,
            "creator": 4299,
            "deviceTemplateId": 117,
            "id": 175,
            "slaveIndex": "1",
            "slaveIp": "192.168.1.5",
            "slaveName": "测试从机",
            "slavePort": 4800,
            "updateDt": 1551161893000,
            "updator": 4299,
            "userId": 4299
        },
        ...
    ],
    "deviceTags": [
        {
            "creator": 4299,
            "deviceNo": "00000000000000000001",
            "id": 44158,
            "tagName": "2",
            "tagValue": "11"
        },
        ...
    ],
    "slaveTotal": 1
}
```

6.9　添加设备

简要描述：

添加设备。

请求 URL：

https://openapi.mp.usr.cn/usrCloud/dev/addDevice。

请求方式：

POST。

请求参数：

名称	必选/可选	类型	位置	说　　明
token	必选	STRING	HEADER	登录成功时返回的登录凭证（注意：token 有效时间为 2h，2h 内可以重复使用）
CONTENT-TYPE	必选	STRING	HEADER	消息体的媒体类型，必须为"application/json"
RELUSERIDS	可选	JSONARRAY	BODY	关联用户 id 列表
DEVICE	必选	JSONOBJECT	BODY	设备参数
TAGS	可选	JSONARRAY	BODY	设备标签

请求参数（devices）：

名称	必选/可选	类型	说　　明
projectId	必选	Integer	项目 id
templateId	必选	Integer	设备模板 id
deviceId	可选	Integer	设备的 SN
QRcode	必选	String	设备 sn+mac/imei 格式为："deviceId"：mac/imei，"sn"：sn 可参考请求参数
groupId	必选	String	项目分组 id
name	必选	String	设备名称
type	必选	Integer	设备类型，默认 10
img	可选	String	图片路径
pass	可选	String	设备密码
position	可选	String	设备定位经纬度
address	可选	String	设备定位地址描述
positionType	可选	Integer	定位类型（0=不定位，1=固定位置，2=设备自动定位）
funcCloud	必选	String	云组态开关
funcMonitor	必选	String	云监测开关
isTransProtocol	必选	String	是否为透传协议设备（0=不是，1=是），此条件与开启云组态互斥

请求参数（tags）:

名称	必选/可选	类型	说明
tagName	必选	String	标签类别名称
tagValue	必选	String	标签名称

响应参数:

名称	类型	说明
info	String	提示消息
status	Integer	返回码
data	JSONObject	返回数据

响应参数（data）:

名称	类型	说明
deviceNo	String	设备编号
pass	String	设备密码

返回码说明:

返回码	说明
0	成功
1600	添加失败
1705	一个账号下最多添加 500 个设备
2006	设备添加错误
2016	设备已经存在
2018	设备名称为空
2020	设备类型为空
2036	devid 太长
2044	设备密码长度应为 8
2046	设备通信密码错误
2048	设备编号为空
2052	设备 sn 校验失败
2084	设备的从机序号重复
2085	设备的从机地址重复
2086	设备的从机添加失败
2090	qrcode 为空
2092	qrcode 格式错误
2120	设备在第三方云平台已存在
2122	设备在第三方云平台添加失败
2124	设备在第三方云平台已绑定

续表

返回码	说　　明
2127	设备最多关联三个标签
2130	sn 格式错误
5004	权限不足
5017	参数错误
5106	参数不完整
10017	添加报警联系人备注不规范

请求示例：

```
POST https：//openapi. mp. usr. cn/usrCloud/dev/addDevice
Content-Type：application/json
{
    "relUserIds"：[
        14407
    ]，
    "device"：{
        "projectId"：22508，
        "templateId"：2479，
        "deviceId"："",
        "QRcode"："deviceId:TEST* * * * * * * * * *,sn:TEST* * * * * * * * * * * * * * * *"，
        "groupId"：22552，
        "name"："设备名称"，
        "img"："",
        "type"：10，
        "pass"："",
        "position"："117. 02496707,36. 68278473"，
        "address"："山东省济南市历下区"，
        "positionType"：1，
        "funcCloud"：1，
        "funcMonitor"：0，
        "isTransProtocol"：0
    }，
    "tags"：[
        {
            "tagName"："标签类别"，
            "tagValue"："标签值"
        }
    ]

}
```

响应示例：

```
status：0,info：ok
Content-Type：application/json
{
    "status"：0，
    "data"：{
        "pass"："12345678"，
```

```
        "deviceNo": "TEST * * * * * * * * * *"
    },
    "info": "ok"
}
```

6.10　编辑设备

简要描述：

编辑设备。

请求 URL：

https://openapi. mp. usr. cn/usrCloud/dev/editDevice。

请求方式：

POST。

请求参数：

名称	必选/可选	类型	位置	说　　明
token	必选	String	Header	登录成功时返回的登录凭证（注意：token 有效时间为 2h，2h 内可以重复使用）
Content-Type	必选	String	Header	消息体的媒体类型，必须为"application/json"
device	必选	JSONObject	Body	设备参数
relUserIds	可选	Array	Body	关联用户列表
tags	可选	JSONArray	Body	设备标签

请求参数（device）：

名称	必选/可选	类型	说　　明
projectId	必选	Integer	项目 id
name	必选	String	设备名称
groupId	必选	Integer	项目分组 id
templateId	必选	Integer	设备模板 id
deviceId	必选	String	设备的 SN
type	必选	String	设备类型
pass	可选	String	设备密码
funcCloud	必选	String	云组态开关
funcMonitor	必选	String	云监测开关
isTransProtocol	必选	String	是否为透传协议设备（0=不是，1=是），此条件与开启云组态互斥
positionType	可选	Integer	定位类型（0=不定位，1=固定位置，2=设备自动定位）
address	可选	String	设备定位地址描述
position	可选	String	设备定位经纬度

响应参数：

名称	类型	说明
info	String	提示消息
status	Integer	返回码

返回码说明：

返回码	说　　明
1604	修改失败
2004	设备修改错误
2006	设备添加错误
2010	传入的设备不属于操作用户
2014	设备不存在
2042	设备过户失败
2044	设备密码长度应为8
2048	设备编号为空
2084	设备的从机序号重复
2085	设备的从机地址重复
2086	设备的从机添加失败
2094	测试设备不能修改
2110	请选择设备模板
2118	设备在第三方云平台删除失败
2124	设备在第三方云平台已绑定
5004	权限不足
5017	参数错误
5106	参数不完整
18002	所选设备已经存在其他未完成任务中

请求示例：

POST https：//openapi. mp. usr. cn/usrCloud/dev/editDevice
Content-Type：application/json
{
　　"relUserIds"：[ ]，
　　"device"：{
　　　　"projectId"：1234，
　　　　"templateId"：1234，
　　　　"deviceId"："00000000000000000003"，
　　　　"groupId"：1234，
　　　　"name"："测试"，
　　　　"type"："10"，
　　　　"position"："117. 02496707，36. 68278473"，
　　　　"address"："山东省济南市历下区"，
　　　　"positionType"：1，

```
    "funcCloud": 1,
    "funcMonitor": 0,
    "isTransProtocol": 0
},
"tags": [
    {
        "id": 1529,
        "deviceNo": "00000000000000000003",
        "tagName": "测试主类别",
        "tagValue": "测试标签1-1"
    }
]
}
```

响应示例：

```
status：0，info：ok
Content-Type：application/json
{
    "info" : "ok",
    "status" : 0
}
```

6.11 批量删除设备

简要描述：

批量删除设备。

请求 URL：

https://openapi. mp. usr. cn/usrCloud/dev/deleteDevices。

请求方式：

POST。

请求参数：

名称	必选/可选	类型	位置	说　　明
token	必选	String	Header	登录成功时返回的登录凭证（注意：token 有效时间为 2h，2h 内可以重复使用）
Content-Type	必选	String	Header	消息体的媒体类型，必须为" application/json"
deviceIds	必选	String	Body	设备的 SN 列表

响应参数：

名称	类型	说明
info	String	提示消息
status	Integer	返回码

返回码说明：

返回码	说　明
0	成功
1602	删除失败
2010	传入的设备不属于操作用户
2014	设备不存在
2094	测试设备不能修改
2118	设备在第三方云平台删除失败
2132	存在关联的独立触发器
5106	参数不完整
18002	所选设备已经存在其他未完成任务中

请求示例：

```
POST https://openapi.mp.usr.cn/usrCloud/dev/deleteDevices
Content-Type：application/json
{
    "deviceIds": [
    "00000000000000000001",
    "00000000000000000002"
    ]
}
```

响应示例：

```
status：0,info：ok
Content-Type：application/json
{
    "info" : "ok",
    "status" : 0
}
```

6.12　根据条件获取设备列表

简要描述：

根据条件获取设备列表。

请求 URL：

https://openapi.mp.usr.cn/usrCloud/dev/getDevs。

请求方式：

POST。

请求参数：

名称	必选/可选	类型	位置	说　明
token	必选	String	Header	登录成功时返回的登录凭证（注意：token 有效时间为2h,2h 内可以重复使用）
Content-Type	必选	String	Header	消息体的媒体类型,必须为"application/json"
projectId	可选	String	Body	项目 id
page_param	可选	String	Body	分页参数

续表

名称	必选/可选	类型	位置	说　明
search_param	可选	String	Body	搜索参数
searchByDeviceStatus	可选	String	Body	根据 sdk 状态查询(0=离线,1=在线,2=升级中,3=配置中,4=同步中,5=数据点报警,6=云监测报警)
groupId	可选	String	Body	分组 id
needGroup	可选	String	Body	是否需要查询设备所属分组字段(0=不需要(默认),1=需要)
needAlarmStatus	可选	String	Body	是否需要报警状态(0=不需要(默认),1=需要)
needUserAccount	可选	String	Body	是否需要查询设备所属账号字段(0=不需要(默认),1=需要)

响应参数：

名称	类型	说明
data	JSONObject	响应数据
info	String	提示消息
status	Integer	返回码

响应数据(data)：

名称	类型	说明
dev	JSONArray	设备列表
total	String	设备数量

响应数据(dev)：

名称	类型	说明
account	String	账号
address	String	地址
createTime	String	创建时间
deviceStatus	JSONObject	设备状态
devid	String	设备的 SN
funcCloud	String	云组态状态(0=关闭,1=开启)
funcMonitor	String	云监测状态(0=关闭,1=开启)
groupId	String	分组 id
groupName	String	分组名称
img	String	图片地址
name	String	设备名称
onlineStatus	String	离线状态(0=离线,1=在线)
pass	String	通信密码

续表

名称	类型	说明
position	String	经纬度位置
projectId	String	项目 id
projectName	String	项目名称
sn	String	设备 sn
templateId	String	模板 id
type	String	设备类型,默认 10
updateTime	String	更新时间
verifyCode	String	设备验证码
weight	String	权重(用于排序)

响应数据(deviceStatus):

名称	类型	说明
datapointAlarm	String	数据点报警
forbidden	String	n/a
monitorAlarm	String	云监测报警
onlineOffline	String	离线状态(0=离线,1=在线)
set	String	对应的配置
sync	String	同步中
update	String	升级中
version	String	版本

返回码说明:

返回码	说明
0	成功
5004	权限不足

请求示例:

POST https://openapi. mp. usr. cn/usrCloud/dev/getDevs
Content-Type：application/json

```
{
    "projectId" : null,
    "page_param" : {
        "offset" : 0,
        "limit" : 10
    },
    "search_param" : "设备名",
    "searchByDeviceStatus" : "0",
    "groupId" : "",
    "needGroup" : 1,
    "needAlarmStatus" : 1,
```

```
        "needUserAccount" : 1
}
```

响应示例：

```
status：0,info：ok
Content-Type：application/json
{
    "data" : {
        "dev" : [
            {
                "account" : "aaaaa",
                "address" : "山东省济南市历下区",
                "createTime" : 1567475721,
                "deviceStatus" : {
                    "datapointAlarm" : 0,
                    "forbidden" : 0,
                    "monitorAlarm" : 0,
                    "onlineOffline" : 0,
                    "set" : 0,
                    "sync" : 0,
                    "update" : 0,
                    "version" : ""
                },
                "devid" : "00000000000000000004",
                "funcCloud" : 1,
                "funcMonitor" : 0,
                "groupId" : 24853,
                "groupName" : "我的分组",
                "id" : 228422,
                "img" : "",
                "name" : "未命名_设备名称_",
                "onlineStatus" : 0,
                "pass" : "iBRpWIiz",
                "position" : "117.02496707,36.68278473",
                "projectId" : 00000,
                "projectName" : "test4",
                "sn" : "00000000000000000004",
                "templateId" : 868,
                "type" : 10,
                "updateTime" : 1567479067,
                "verifyCode" : "sfecawe5",
                "weight" : 0
            },
            ...
        ],
    "total" : 1
    },
    "info" : "ok",
    "status" : 0
}
```

6.13 获取设备模板

简要描述：

获取设备模板。

请求 URL：

https：//openapi. mp. usr. cn/usrCloud/dev/template/getDeviceTemplates。

请求方式：

POST。

请求参数：

名称	必选/可选	类型	位置	说　明
token	必选	String	Header	登录成功时返回的登录凭证（注意：token 有效时间为 2h，2h 内可以重复使用）
Content-Type	必选	String	Header	消息体的媒体类型，必须为"application/json"
projectId	必选	String	Body	项目 id
pageNo	可选	String	Body	分页页码（从 1 开始）
pageSize	可选	String	Body	每页显示条数

响应参数：

名称	类型	说明
data	JSONArray	响应数据
info	String	提示消息
status	Integer	返回码

响应数据（data）：

名称	类型	说　明
id	Integer	模板 id
templateName	String	模板名称
slaveTotal	Integer	从机数量
pointTotal	Integer	变量数量
createDt	String	创建时间
updateDt	String	更新时间
configurationId	Integer	组态的 id
link	String	组态链接标识
model	String	应用模式（0=独立应用，1=模板应用）
relProtocolInfoId	Integer	关联协议 ID
projectId	Integer	项目 id
pollingMethod	Integer	轮询方式（1=边缘计算，2=主动采集）

返回码说明：

返回码	说　明
0	成功
1606	查询失败
5106	参数不完整

请求示例：

```
POST https://openapi. mp. usr. cn/usrCloud/dev/template/getDeviceTemplates
Content-Type: application/json
{
    "pageNo": 1,
    "pageSize": 1000000,
    "projectId": 1234
}
```

响应示例：

```
status: 0, info: ok
Content-Type: application/json
{
    "status": 0,
    "data": {
        "pageNo": 1,
        "pageSize": 10,
        "list": [
            {
                "id": 11111,
                "templateName": "未命名-2020-05-28 14:39:42",
                "slaveTotal": 1,
                "pointTotal": 2,
                "createDt": "2020-05-29 00:39:54",
                "updateDt": "2020-05-29 00:39:55",
                "configurationId": 3105,
                "link": "aaaaaa",
                "model": "1",
                "relProtocolInfoId": 7,
                "projectId": 00001,
                "pollingMethod": 2
            },
            {
                "id": 17592,
                "templateName": "未命名-2020-05-27 16:36:21",
                "slaveTotal": 1,
                "pointTotal": 2,
                "createDt": "2020-05-28 09:08:13",
                "updateDt": "2020-05-28 09:08:13",
                "configurationId": 3101,
                "link": "aaaaaa",
                "model": "1",
                "relProtocolInfoId": 7,
```

```
              "projectId": 00001,
              "pollingMethod": 2
          }
      ],
      "total": 37
  },
  "info": "ok",
  "account": "test"
}
```

6.14　获取项目（资源容器）列表

简要描述：

　　根据用户 id 获取项目（资源容器）列表。

请求 URL：

　　https://openapi. mp. usr. cn/usrCloud/vn/projectinfo/getProjects。

请求方式：

　　POST。

请求参数：

名称	必选/可选	类型	位置	说　　明
token	必选	String	Header	登录成功时返回的登录凭证（注意：token 有效时间为 2h，2h 内可以重复使用）
Content-Type	必选	String	Header	消息体的媒体类型，必须为"application/json"
uid	必选	String	Body	用户 id
withDevices	可选	String	Body	是否携带设备列表（0=不携带，1=携带），默认不携带

响应参数：

名称	类型	说明
data	JSONObject	响应数据
info	String	提示消息
status	Integer	返回码

响应数据（data）：

名称	类型	说明
projects	JSONArray	项目相关

响应数据（projects）：

名称	类型	说明
id	Integer	项目 id
projectName	String	设备相关
devices	JSONArray	项目相关

响应数据（devices）：

名称	类型	说明
deviceNo	String	设备编号
name	String	设备名称
devices	JSONArray	项目相关

返回码说明：

返回码	说 明
0	成功

请求示例：

POST https://openapi. mp. usr. cn/usrCloud/vn/projectinfo/getProjects
Content-Type：application/json
{
 　　"withDevices"：1,
 　　"uid"：25977
}

响应示例：

status：0,info：ok
Content-Type：application/json
{
 　　"status"：0,
 　　"data"：{
 　　　　"projects"：[
 　　　　　　{
 　　　　　　　　"id"：46593,
 　　　　　　　　"projectName"："我的项目",
 　　　　　　　　"devices"：[
 　　　　　　　　　　{
 　　　　　　　　　　　　"deviceNo"："00508719780712345627",
 　　　　　　　　　　　　"name"："设备名 1"
 　　　　　　　　　　}
 　　　　　　　　]
 　　　　　　}
 　　　　]
 　　}
}

6.15 获取设备变量历史记录

简要描述：

获取设备变量历史记录。

请求 URL：

https://openapi. mp. usr. cn/usrCloud/dev/getDeviceDataPointHistory。

请求方式：

POST。

调用限制：

针对设备，接口每小时的调用次数不能超过 60 次。

请求参数：

名称	必选/可选	类型	位置	说　　明
token	必选	String	Header	登录成功时返回的登录凭证（注意：token 有效时间为 2h，2h 内可以重复使用）
Content-Type	必选	String	Header	消息体的媒体类型，必须为"application/json"
devDatapoints	必选	JSONObject	Body	数据点列表
timeSort	可选	String	Body	时间排序
pageNo	必选	Integer	Body	分页页号（从 1 开始）
pageSize	必选	Integer	Body	分页大小
startDt	可选	String	Body	开始时间
endDt	可选	String	Body	结束时间
start	必选	Long	Body	开始时间时间戳
end	必选	Long	Body	结束时间时间戳

请求参数（devDatapoints）：

名称	必选/可选	类型	说明
deviceNo	必选	String	设备的 SN
slaveIndex	必选	String	从机地址
dataPointId	必选	String	数据点 id
itemId	必选	Integer	序号

响应参数：

名称	类型	说明
data	JSONObject	响应数据
info	String	提示消息
status	Integer	返回码

响应数据（data）：

名称	类型	说明
total	Integer	变量总数量
pageSize	Integer	分页大小
list	JSONArray	变量信息数组
pageNum	Integer	分页数量

响应数据（list）：

名称	类型	说明
itemId	String	序号
total	Integer	变量数量
dataPointId	Integer	变量 id
slaveIndex	String	从机序号
deviceNo	String	设备编号
list	JSONArray	时间对应变量值数组
slaveIndex	String	从机序号
total	Integer	变量数量

响应数据（list）：

名称	类型	说明
time	Long	时间戳
value	Integer	值

返回码说明：

返回码	说　明
0	成功
5016	参数为空

请求示例：

```
POST https://openapi. mp. usr. cn/usrCloud/dev/getDeviceDataPointHistory
Content-Type：application/json
{
    "devDatapoints"：[
        {
            "deviceNo"："01400319084000000006",
            "slaveIndex"："1",
            "itemId"："1",
            "dataPointId"：78682
        }
    ],
    "pageNo"：1,
    "start"：1509452562000,
    "end"：1509456852000,
    "pageSize"：1,
    "timeSort"："desc"
}
```

响应示例：

```
status：0,info：ok
Content-Type：application/json

{
```

```
        "status": 0,
        "data": {
            "total": 0,
            "pageSize": 1,
            "list": [
                {
                    "itemId": "1",
                    "total": 0,
                    "dataPointId": 47806,
                    "slaveIndex": "1",
                    "deviceNo": "00000096000000000073",
                    "list": [
                        {
                            "time":1579069928000 ,
                            "value": 99
                        }
                    ]
                }
            ],
            "pageNum": 1
        },
        "info": "ok",
        "account": "sy200"
    }
```

6.16 设备上下线记录

简要描述：

设备上下线记录。

请求 URL：

https://openapi. mp. usr. cn/usrCloud/dev/getDeviceUpAndDownLineHistory。

请求方式：

POST。

请求参数：

名称	必选/可选	类型	位置	说　　明
token	必选	String	Header	登录成功时返回的登录凭证（注意：token 有效时间为 2h，2h 内可以重复使用）
Content-Type	必选	String	Header	消息体的媒体类型，必须为 "application/json"
deviceNos	必选	List	Body	设备的 SN 集合
timeSort	可选	String	Body	时间排序
pageNo	必选	Integer	Body	分页页号（从 1 开始）
pageSize	必选	Integer	Body	分页大小
start	必选	Long	Body	开始时间时间戳
end	必选	Long	Body	结束时间时间戳
sort	必选	String	Body	排序

响应参数：

名称	类型	说明
data	JSONObject	响应数据
info	String	提示消息
status	Integer	返回码

响应数据（data）：

名称	类型	说明
total	Integer	变量总数量
pageSize	Integer	分页大小
list	JSONArray	变量信息数组
pageNum	Integer	分页数量

响应数据（list）：

名称	类型	说明
deviceNo	String	设备编号
total	Integer	变量数量
list	JSONArray	时间对应变量值数组

响应数据（list）：

名称	类型	说明
time	Long	时间戳
value	Integer	值

返回码说明：

返回码	说　明
0	成功
5016	参数为空

请求示例：

```
POST https://openapi.mp.usr.cn/usrCloud/dev/getDeviceUpAndDownLineHistory
Content-Type：application/json
{
    "deviceNos"：[
        "00000096000000000076"
    ],
    "timeSort"："desc",
    "pageNo"：1,
    "pageSize"：10,
    "sort"："desc",
    "start"：1579586699000,
```

```
        "end"：1582178699000
    }
```

响应示例：

```
status：0,info：ok
Content-Type：application/json
{
    "status"：0,
    "data"：{
        "list"：[
            {
                "deviceNo"："00000096000000000076",
                "list"：[
                    {
                        "time"：1579069928000,
                        "value"：99
                    }
                ]
                "total"：1
            }
        ],
        "total"：1,
        "pageNum"：1,
        "pageSize"：10
    },
    "info"："ok",
    "account"："test"
}
```

6.17　获取变量列表

简要描述：

获取变量列表。

请求 URL：

https：//openapi. mp. usr. cn/usrCloud/datadic/getDatas。

请求方式：

POST。

请求参数：

名称	必选/可选	类型	位置	说　　明
token	必选	String	Header	登录成功时返回的登录凭证（注意：token 有效时间为 2h，2h 内可以重复使用）
Content-Type	必选	String	Header	消息体的媒体类型，必须为 "application/json"
deviceId	必选	String	Body	设备的 SN
limit	可选	String	Body	分页数量
offset	可选	String	Body	分页偏移量
slaveIndex	必选	String	Body	从机序号
sortByWeight	必选	String	Body	根据权重排序（up＝升序，down＝降序）

响应参数：

名称	类型	说明
data	JSONObject	响应数据
info	String	提示消息
status	Integer	返回码

响应数据（data）：

名称	类型	说明
iotDataDescriptionList	JSONObject	变量信息集合
total	Integer	总量

响应数据（iotDataDescriptionList）：

名称	类型	说明
id	Integer	主键 id
name	String	名称
unit	String	单位
type	Integer	类型
formula	String	公式
store	Integer	存储
permissionRead	Integer	变量的读取权限
permissionWrite	Integer	变量的下发权限
valueKind	Integer	数据类型
slaveIndex	String	从机 id
iotModbusDataCmd	JSONObject	cmd 配置信息
permissionShow	Integer	可见权限（0＝不可见，1＝可见），默认可见
permissionOp	Integer	可操作权限（0＝不可操作，1＝可操作），默认可操作

响应数据（iotModbusDataCmd）：

名称	类型	说明
dataid	Integer	变量 id
itemId	String	itemID
relId	Integer	关联 id
writeRead	Integer	读写类型（0＝只读，1＝读写）

返回码说明：

返回码	说　明
0	成功

请求示例：

```
POST https://openapi.mp.usr.cn/usrCloud/datadic/getDatas
Content-Type：application/json
{
    "deviceId": "999888816070100000104",
    "limit": 10,
    "offset": 0,
    "slaveIndex": "1",
    "sortByWeight": "up"
}
```

响应示例：

```
status：0,info：ok
Content-Type：application/json
{
    "data": {
        "iotDataDescriptionList": [
            {
                "formula": "",
                "id": 13272,
                "iotModbusDataCmd": {
                    "dataid": 13272,
                    "itemId": "1",
                    "relId": 13272,
                    "writeRead": 0
                },
                "name": "未命名_变量名称_89",
                "permissionOp": 1,
                "permissionRead": 1,
                "permissionShow": 1,
                "permissionWrite": 1,
                "slaveIndex": "1",
                "store": 1,
                "type": 1,
                "unit": "",
                "valueKind": 5
            }
        ],
        "total": 7
    },
    "info": "ok",
    "status": 0
}
```

6.18 根据设备获取变量信息

简要描述：

根据设备获取变量信息。

请求 URL：

https://openapi.mp.usr.cn/usrCloud/datadic/getDataPointInfoByDevice。

请求方式：

POST。

请求参数：

名称	必选/可选	类型	位置	说　明
token	必选	String	Header	登录成功时返回的登录凭证（注意：token 有效时间为2h，2h 内可以重复使用）
Content-Type	必选	String	Header	消息体的媒体类型，必须为"application/json"
deviceIds	必选	List	Body	设备的 SN 集合
uidForNewPermission	可选	Integer	Body	目标用户 ID
isGetCanWrite	可选	Integer	Body	是否获取可写变量（0 = 获取全部变量，1 = 获取可写变量），默认 0
isGetOperable	可选	Integer	Body	是否获取可操作变量（0 = 不获取，1 = 获取），默认 0
isGetNotCanWrite	可选	Integer	Body	是否获取不可写变量（0 = 获取全部变量，1 = 获取不可写变量），默认 0
isTimestampDatas	可选	Integer	Body	是否获取时间戳变量（0 = 获取全部变量，1 = 去除时间戳变量），默认 0
isGetLocationDatas	可选	Integer	Body	是否获取定位形变量（0 = 获取全部变量，1 = 去除定位型变量），默认 0

响应参数：

名称	类型	说明
data	JSONObject	响应数据
info	String	提示消息
status	Integer	返回码

响应数据（data）：

名称	类型	说明
deviceId	String	设备的 SN
slaves	JSONObject	从机信息

响应数据（slaves）：

名称	类型	说明
id	Integer	主键 id
userId	Integer	用户 id
pageNo	Integer	分页页号（从1开始）
pageSize	Integer	分页大小
deviceTemplateId	Integer	设备模板编号

续表

名称	类型	说明
slaveIndex	String	从机序号
slaveName	String	从机名称
slaveAddr	String	从机地址
comIdx	Integer	通信号, 只能为 1~16
relProtocolId	Integer	关联协议 ID
weight	Integer	权重 (用于排序, 可以是负数)
createDt	String	创建时间
updateDt	String	更新时间
iotDataDescription	JSONObject	变量信息

响应数据 (iotDataDescription):

名称	类型	说明
id	Integer	主键 id (变量 ID / dataPointId)
weight	Integer	权重 (用于排序, 可以是负数)
name	String	名称
unit	String	单位
type	Integer	类型 (0=数值型, 1=开关型, 3=定位性, 4=字符型)
formula	String	公式
store	Integer	存储
valueKind	Integer	数据类型
iotModbusDataCmd	JSONObject	cmd 配置信息
permissionShow	Integer	可见权限 (0=不可见, 1=可见), 默认可见
permissionOp	Integer	可操作权限 (0=不可操作, 1=可操作), 默认可操作

响应数据 (iotModbusDataCmd):

名称	类型	说明
dataid	Integer	数据点 id
itemId	String	itemId
relId	Integer	关联 id
writeRead	Integer	读写类型 (0=只读, 1=读写)

返回码说明:

返回码	说明
0	成功
5106	参数不完整

请求示例：

POST https://openapi. mp. usr. cn/usrCloud/datadic/getDataPointInfoByDevice

Content-Type：application/json

```
{
    "deviceIds": [
        "999888816070100000104"
    ]
}
```

响应示例

status：0，info：ok

Content-Type：application/json

```
{
    "status": 0,
    "data": [
        {
            "deviceId": "00000000000000000001",
            "slaves": [
                {
                    "id": 15808,
                    "userId": 8381,
                    "pageNo": 1,
                    "pageSize": 10,
                    "deviceTemplateId": 16812,
                    "slaveIndex": "1",
                    "slaveName": "aaaaaa",
                    "slaveAddr": "1",
                    "comIdx": 1,
                    "relProtocolId": 7,
                    "weight": 0,
                    "createDt": "2020-05-18 07:20:30",
                    "updateDt": "2020-05-18 07:20:30",
                    "iotDataDescription": [
                        {
                            "id": 38450,
                            "weight": 0,
                            "name": "bbbb",
                            "unit": "%RH",
                            "type": 0,
                            "formula": "%s/10",
                            "store": 4,
                            "valueKind": 0,
                            "iotModbusDataCmd": {
                                "dataid": 38450,
                                "itemId": "1",
                                "writeRead": 0,
                                "relId": 38450
                            },
                            "permissionShow": 1,
                            "permissionOp": 1
                        },
```

```
                            {
                                "id": 38451,
                                "weight": 1,
                                "name": "bbbb",
                                "unit": "℃",
                                "type": 0,
                                "formula": "%s/10",
                                "store": 4,
                                "valueKind": 1,
                                "iotModbusDataCmd": {
                                    "dataid": 38451,
                                    "itemId": "2",
                                    "writeRead": 0,
                                    "relId": 38451
                                },
                                "permissionShow": 1,
                                "permissionOp": 1
                            }
                        ]
                    }
                ]
            }
        ],
        "info": "ok",
        "account": "test"
}
```

6.19　获取命令下发地址

简要描述：

根据获取命令下发地址。

请求 URL：

https://openapi.mp.usr.cn/usrCloud/vn/ucloudSdk/getCommandAddress。

请求方式：

POST。

请求参数：

名称	必选/可选	类型	位置	说　　明
token	必选	String	Header	登录成功时返回的登录凭证（注意：token 有效时间为 2h，2h 内可以重复使用）
Content-Type	必选	String	Header	消息体的媒体类型，必须为"application/json"

响应参数：

名称	类型	说明
data	JSONObject	命令下发地址
info	String	提示消息
status	Integer	返回码

响应数据（data）：

名称	类型	说明
commandServerAddr	String	命令下发地址

返回码说明：

返回码	说　明
0	成功
1526	获取 token 失败

请求示例：

```
POST https://openapi. mp. usr. cn/usrCloud/vn/ucloudSdk/getCommandAddress
Content-Type：application/json
{
}
```

响应示例：

```
status：0, info：ok
Content-Type：application/json
{
    "status"：0,
    "data"：{
        "commandServerAddr"："https://xxx. xxx. xxx：xxx"
    },
    "info"："ok"
}
```

6.20　获取历史记录最新数据

简要描述：

获取历史记录最新数据（该接口不适用于实时数据获取）。

请求 URL：

https://openapi. mp. usr. cn/usrCloud/vn/ucloudSdk/getLastDataHistory。

请求方式：

POST。

调用限制：

针对设备，接口每小时的调用次数不能超过 60 次。

请求参数：

名称	必选/可选	类型	位置	说　　明
token	必选	String	Header	登录成功时返回的登录凭证（注意：token 有效时间为 2h，2h 内可以重复使用）
Content-Type	必选	String	Header	消息体的媒体类型，必须为 "application/json"
devDatapoints	必选	list	Body	变量列表数组

请求参数（**devDatapoints**）：

名称	类型	说明
deviceNo	String	设备的 SN
slaveIndex	String	从机地址
dataPointId	Integer	变量 id

响应参数：

名称	类型	说明
data	JSONObject	响应数据
info	String	提示消息
status	Integer	返回码
account	String	操作用户

响应数据（**data**）：

名称	类型	说明
list	list	变量列表

响应数据（**list**）：

名称	类型	说明
dataPointId	Integer	变量 id
slaveIndex	String	从机地址
deviceNo	String	设备的 SN
value	Double	变量的值
time	Long	时间
error	Integer	错误码

返回码说明：

返回码	说明
0	成功
5106	参数不完整
1526	获取 token 失败

请求示例：

POST https://openapi.mp.usr.cn/usrCloud/vn/ucloudSdk/getLastDataHistory
Content-Type：application/json
{
    "devDatapoints"：[
        {

```
                "deviceNo": "00000000000000000001",
                "slaveIndex": "1",
                "dataPointId": 38982
        },
        {
                "deviceNo": "00000000000000000002",
                "slaveIndex": "1",
                "dataPointId": 38983
        }
    ]
}
```

响应示例：

```
status：0，info：ok
Content-Type：application/json
{
    "status": 0,
    "data": {
        "list": [
            {
                "dataPointId": 38982,
                "slaveIndex": "1",
                "deviceNo": "00000000000000000001",
                "value": null,
                "time": null,
                "error": null
            },
            {
                "dataPointId": 38983,
                "slaveIndex": "1",
                "deviceNo": "00000000000000000002",
                "value": null,
                "time": null,
                "error": null
            }
        ]
    },
    "info": "ok",
    "account": "toobug"
}
```

6.21　获取设备对应组态列表

简要描述：

　　获取设备对应组态列表。

请求 URL：

　　https://openapi. mp. usr. cn/usrCloud/configuration/getConfigurations。

请求方式：

　　POST。

请求参数：

名称	必选/可选	类型	位置	说　　明
token	必选	String	Header	登录成功时返回的登录凭证（注意：token 有效时间为 2h，2h 内可以重复使用）
Content-Type	必选	String	Header	消息体的媒体类型，必须为 "application/json"
deviceId	必选	String	Body	设备的 SN
deviceTemplateId	可选	Integer	Body	设备模板 id
pageNo	可选	Integer	Body	页码（从 1 开始）
pageSize	可选	Integer	Body	每页显示条数
hasContent	可选	Integer	Body	是否需要 content 字段
model	可选	Integer	Body	应用模式（0=独立应用，1=模板应用）
name	可选	String	Body	名称

响应参数：

名称	类型	说明
data	JSONObject	响应数据
info	String	提示消息
status	Integer	返回码

响应数据（data）：

名称	类型	说明
endRow	Integer	最后一页
firstPage	Integer	第一页
hasNextPage	Boolean	是否具有下一页
hasPreviousPage	Boolean	是否具有上一页
isFirstPage	Boolean	是否是第一页
isLastPage	Boolean	是否是最后一页
lastPage	Integer	最后一页
list	JSONObject	list 数组
navigateFirstPage	Integer	浏览第一页
navigateLastPage	Integer	浏览最后一页
navigatePages	Integer	浏览页面
navigatepageNums	Array	浏览页码
nextPage	Integer	下一页
pageNum	Integer	页码（从 1 开始）
pageSize	Integer	每页显示条数
pages	Integer	页面
prePage	Integer	前一页

续表

名称	类型	说明
size	Integer	大小
startRow	Integer	起始行
total	Integer	总计

响应数据（list）：

名称	类型	说　　明
id	Integer	主键 id
uid	Integer	当前资源的所属用户
link	String	链接标识
name	String	名称
content	String	内容 html 格式
model	Integer	应用模式（0＝独立应用，1＝模板应用）
creator	String	操作人
createTime	String	创建时间
updator	String	修改人
updateTime	String	修改时间
account	String	账户
compatibleType	Integer	兼容类型（0＝旧版组态，1＝新版组态）
dateTemplateId	Integer	变量模板 id
templateName	String	模板名称
projectId	Integer	项目 id
ownerUid	Integer	所属用户 id
thumbnail	String	组态缩略图
thumbnailFull	String	组态缩略图（绝对路径）
projectName	String	项目名称

返回码说明：

返回码	说　　明
0	成功
2014	设备不存在
5004	权限不足
5106	参数不完整
5126	请求太频繁

请求示例:

POST https://openapi. mp. usr. cn/usrCloud/configuration/getConfigurations
Content-Type: application/json
{
    "deviceId": "99988816070100000104",
    "deviceTemplateId": 453,
    "pageNo": 1,
    "pageSize": 8,
    "model": 0,
    "name": "",
    "hasContent": 0
}

响应示例:

status: 0,info: ok
Content-Type: application/json
{
    "data": {
        "endRow": 1,
        "firstPage": 1,
        "hasNextPage": false,
        "hasPreviousPage": false,
        "isFirstPage": true,
        "isLastPage": true,
        "lastPage": 1,
        "list": [
            {
                "id": 1612,
                "uid": 8381,
                "link": "6CxWde73AgsV",
                "name": "测试数据点排序",
                "content": "",
                "model": 1,
                "creator": "8381",
                "createTime": "2019-12-10T02:41:33.000+0000",
                "updator": "8381",
                "updateTime": "2019-12-16T11:15:20.000+0000",
                "account": "toobug",
                "compatibleType": 1,
                "dateTemplateId": 1458,
                "templateName": "测试数据点排序",
                "projectId": 3549,
                "ownerUid": 8381,
                "thumbnail": "scada/icon_configuration_white_big_temp. png",
                "thumbnailFull": " http://ucloud. test. usr. cn/uploads/scada/icon _ configuration _ white_big_temp. png",
                "projectName": "我的项目"
            }
        ],
        "navigateFirstPage": 1,
        "navigateLastPage": 1,

```
            "navigatePages": 8,
            "navigatepageNums": [
                    1
            ],
            "nextPage": 0,
            "pageNum": 1,
            "pageSize": 8,
            "pages": 1,
            "prePage ": 0,
            "size": 1,
            "startRow": 1,
            "total": 1
        },
        "info": "ok",
        "status": 0
}
```

6.22　获取项目列表

简要描述：

　　获取项目列表。

请求 URL：

　　https://openapi. mp. usr. cn/usrCloud/projectInfo/queryProjectList。

请求方式：

　　POST。

请求参数：

名称	必选/可选	类型	位置	说　　明
token	必选	String	Header	登录成功时返回的登录凭证（注意：token 有效时间为 2h，2h 内可以重复使用）
Content-Type	必选	String	Header	消息体的媒体类型，必须为 "application/json"
projectName	可选	String	Body	项目名称
pageNo	可选	Integer	Body	页码（从 1 开始）
pageSize	可选	Integer	Body	每页显示条数

响应参数：

名称	类型	说明
data	JSONObject	响应数据
info	String	提示消息
status	Integer	返回码

响应数据（data）：

名称	类型	说明
endRow	Integer	最后一页
firstPage	Integer	第一页
hasNextPage	Boolean	是否具有下一页
hasPreviousPage	Boolean	是否具有上一页
isFirstPage	Boolean	是否是第一页
isLastPage	Boolean	是否是最后一页
lastPage	Integer	最后一页
list	JSONObject	list 数组
navigateFirstPage	Integer	浏览第一页
navigateLastPage	Integer	浏览最后一页
navigatePages	Integer	浏览页面
navigatepageNums	Array	浏览页码
nextPage	Integer	下一页
pageNum	Integer	页码
pageSize	Integer	每页显示条数
pages	Integer	页面
prePage	Integer	前一页
size	Integer	大小
startRow	Integer	起始行
total	Integer	总计

响应数据（list）：

名称	类型	说　明
id	Integer	主键 id
pageNo	Integer	页码（从 1 开始）
pageSize	Integer	每页显示条数
projectName	String	项目名称
imgPaths	List	图片路径
ownerUid	Integer	所属用户 uid
devNum	Integer	设备数量
onlyGetTypeIsTwoUser	Boolean	获取用户等级为 2 的数据
relUserReturnOneslef	Integer	关联用户是否返回自身信息（0=不返回，1=返回），默认 0
projectState	Integer	项目状态
neutralState	Integer	中性功能开通状态
relAccountsStr	String	项目关联的用户名称字符串
usrProjectType	Integer	项目类型

响应数据（imgPaths）：

名称	类型	说明
id	Integer	主键 ID
projectId	Integer	项目 ID
imgPath	String	图片路径
imgName	String	图片名称

返回码说明：

返回码	说 明
0	成功
5106	参数不完整

请求示例：

```
POST https://openapi. mp. usr. cn/usrCloud/projectInfo/queryProjectList
Content-Type：application/json
{
    "projectName"："",
    "pageSize"：10,
    "pageNo"：1
}
```

响应示例：

```
status：0,info：ok
Content-Type：application/json
{
    "data"：{
        "endRow"：5,
        "firstPage"：1,
        "hasNextPage"：false,
        "hasPreviousPage"：false,
        "isFirstPage"：true,
        "isLastPage"：true,
        "lastPage"：1,
        "list"：[
            {
                "id"：25088,
                "pageNo"：1,
                "pageSize"：10,
                "projectName"："aaaaaa",
                "imgPaths"：[ ],
                "ownerUid"：00001,
                "devNum"：21,
                "onlyGetTypeIsTwoUser"：false,
```

```
                "relUserReturnOneslef": 0,
                "projectState": 1,
                "neutralState": 1,
                "relAccountsStr": "test2",
                "usrProjectType": 1
            },
            {
                "id": 25074,
                "pageNo": 1,
                "pageSize": 10,
                "projectName": "9",
                "imgPaths": [],
                "ownerUid": 0001,
                "devNum": 2,
                "onlyGetTypeIsTwoUser": false,
                "relUserReturnOneslef": 0,
                "projectState": 1,
                "neutralState": 1,
                "usrProjectType": 1
            }
        ],
        "navigateFirstPage": 1,
        "navigateLastPage": 1,
        "navigatePages": 8,
        "navigatepageNums": [
            1
        ],
        "nextPage": 0,
        "pageNum": 1,
        "pageSize": 10,
        "pages": 1,
        "prePage": 0,
        "size": 5,
        "startRow": 1,
        "total": 5
    },
    "info": "ok",
    "status": 0
}
```

6.23 获取项目下的分组列表

简要描述:

获取项目下的分组列表。

请求 URL:

https://openapi.mp.usr.cn/usrCloud/dev/getDevGroups。

请求方式:

POST。

请求参数：

名称	必选/可选	类型	位置	说　　明
token	必选	String	Header	登录成功时返回的登录凭证（注意：token 有效时间为 2h，2h 内可以重复使用）
Content-Type	必选	String	Header	消息体的媒体类型，必须为"application/json"
projectId	必选	Integer	Body	项目 id
devCountIsContainChildren	非必选	Integer	Body	设备的数量是否包含子分组（0 = 不包含，1 = 包含），默认 0
id	必选	Integer	Body	0 = 查询所有

响应参数：

名称	类型	说明
data	JSONObject	响应数据
info	String	提示消息
status	Integer	返回码

响应数据（data）：

名称	类型	说明
groupList	JSONObject	分组列表

响应数据（groupList）：

名称	类型	说明
childrens	JSONObject	孩子们
createTime	Integer	创建时间
description	String	处理结果描述
devCount	Integer	设备数量
id	Integer	主键 id
ownerUid	Integer	所属用户 id
parentId	Integer	父母 id
projectId	Integer	项目 id
title	String	分组名称
uid	Integer	用户 id
updateTime	Integer	更新时间
weight	Integer	权重

响应数据（childrens）：

名称	类型	说明
createTime	Integer	创建时间
description	String	处理结果描述
devCount	Integer	设备数量
id	Integer	主键 id
ownerUid	Integer	所属用户 id
parentId	Integer	父母 id
projectId	Integer	项目 id
title	String	分组名称
uid	Integer	用户 id
updateTime	Integer	更新时间
weight	Integer	权重

返回码说明：

返回码	说　明
0	成功
5004	权限不足
5106	参数不完整

请求示例：

POST https://openapi. mp. usr. cn/usrCloud/dev/getDevGroups
Content-Type：application/json
{
　　"id"：0,
　　"projectId"：54103
}

响应示例：

status：0,info：ok
Content-Type：application/json
{
　　"data"：{
　　　　"groupList"：[
　　　　　　{
　　　　　　　　"childrens"：[
　　　　　　　　　　{
　　　　　　　　　　　　"createTime"：1565314977,
　　　　　　　　　　　　"description"："",
　　　　　　　　　　　　"devCount"：1,
　　　　　　　　　　　　"id"：1111,
　　　　　　　　　　　　"ownerUid"：22222,
　　　　　　　　　　　　"parentId"：33333,
　　　　　　　　　　　　"projectId"：4444,
　　　　　　　　　　　　"title"："未命名_分组名称_23",

```
                                    "uid": 1111,
                                    "updateTime": 1565314977,
                                    "weight": 2
                                }
                            ],
                            "createTime": 1565250769,
                            "description": "",
                            "devCount": 6,
                            "id": 2538,
                            "ownerUid": 2222,
                            "parentId": 0,
                            "projectId": 44444,
                            "title": "测试1分组",
                            "uid": 22222,
                            "updateTime": 1565250769,
                            "weight": 2
                        }
                    ]
                },
                "info": "ok",
                "status": 0
            }
```

6.24　添加分组

简要描述：

　　添加项目分组。

请求 URL：

　　https://openapi.mp.usr.cn/usrCloud/dev/addDevGroup。

请求方式：

　　POST。

请求参数：

名称	必选/可选	类型	位置	说　　明
token	必选	String	Header	登录成功时返回的登录凭证（注意：token 有效时间为 2h，2h 内可以重复使用）
Content-Type	必选	String	Header	消息体的媒体类型，必须为"application/json"
projectId	必选	Integer	Body	项目 id
parentId	必选	Integer	Body	上级目录 id
title	必选	String	Body	分组名称
description	可选	String	Body	备注
weight	必选	String	Body	权重（排序）

响应参数：

名称	类型	说明
info	String	提示消息
status	Integer	返回码

返回码说明：

返回码	说　　明
0	成功
1600	添加失败
1703	添加失败分组不能超过四级
5106	参数不完整

请求示例：

```
POST https://openapi.mp.usr.cn/usrCloud/dev/addDevGroup
Content-Type：application/json
{
    "projectId": 54103,
    "parentId": 0,
    "title": "未命名_分组名称_61",
    "description": "",
    "weight": "1"
}
```

响应示例：

```
status：0,info：ok
Content-Type：application/json
{
    "info": "ok",
    "status": 0
}
```

6.25　编辑项目分组

简要描述：

编辑项目分组。

请求 URL：

https://openapi.mp.usr.cn/usrCloud/dev/editDevGroup。

请求方式：

POST。

请求参数：

名称	必选/可选	类型	位置	说　　明
token	必选	String	Header	登录成功时返回的登录凭证（注意：token 有效时间为 2h，2h 内可以重复使用）
Content-Type	必选	String	Header	消息体的媒体类型，必须为 "application/json"
projectId	必选	Integer	Body	项目 id
id	必选	Integer	Body	分组 id
title	必选	String	Body	分组名称
parentId	可选	Integer	Body	上级目录 id
description	可选	String	Body	备注
weight	必选	String	Body	权重（排序）

响应参数：

名称	类型	说明
info	String	提示消息
status	Integer	返回码

返回码说明：

返回码	说　　明
0	成功
1604	修改失败
1703	添加失败分组不能超过四级
2056	层级关系错误
5004	权限不足
5106	参数不完整

请求示例：

```
POST https://openapi. mp. usr. cn/usrCloud/dev/editDevGroup
Content-Type：application/json
{
    "projectId": 12345,
    "id": 12345,
    "parentId": 0,
    "title":"未命名_分组名称",
    "description": "",
    "weight": "1"
}
```

响应示例：

```
status：0,info：ok
Content-Type：application/json
{
    "info": "ok",
```

```
    "status": 0
}
```

6.26 删除项目分组

简要描述：

删除项目分组。

请求 URL：

https://openapi. mp. usr. cn/usrCloud/dev/deleteDevGroups。

请求方式：

POST。

请求参数：

名称	必选/可选	类型	位置	说　　明
token	必选	String	Header	登录成功时返回的登录凭证（注意：token 有效时间为 2h，2h 内可以重复使用）
Content-Type	必选	String	Header	消息体的媒体类型，必须为"application/json"
ids	必选	Array	Body	分组 ids

响应参数：

名称	类型	说明
info	String	提示消息
status	Integer	返回码

返回码说明：

返回码	说　　明
0	成功
1602	删除失败
2054	设备分组正在被使用
5004	权限不足
5106	参数不完整
14010	项目不允许被删除

请求示例：

```
POST https://openapi. mp. usr. cn/usrCloud/dev/deleteDevGroups
Content-Type：application/json
{
    "ids"：[
        24869
    ]
}
```

响应示例:

status: 0, info: ok
Content-Type: application/json
{
    "info": "ok",
    "status": 0
}

6.27 获取项目分组详情

简要描述:

获取项目分组详情。

请求 URL:

https://openapi.mp.usr.cn/usrCloud/dev/getDevGroup。

请求方式:

POST。

请求参数:

名称	必选/可选	类型	位置	说　　明
token	必选	String	Header	登录成功时返回的登录凭证（注意：token 有效时间为 2h，2h 内可以重复使用）
Content-Type	必选	String	Header	消息体的媒体类型，必须为"application/json"
id	必选	Integer	Body	分组 id

响应参数:

名称	类型	说明
data	JSONObject	响应数据
info	String	提示消息
status	Integer	返回码

响应数据（data）:

名称	类型	说明
createTime	Integer	创建时间
id	Integer	分组 id
parentId	Integer	上级账号
projectId	Integer	项目 id
title	String	标题
uid	Integer	用户 id
updateTime	Integer	更新时间
weight	Integer	权重（用于排序）

返回码说明：

返回码	说　明
0	成功
5106	参数不完整

请求示例：

POST https://openapi. mp. usr. cn/usrCloud/dev/getDevGroup
Content-Type：application/json
{
　　"id"：24869
}

响应示例：

status：0,info：ok
Content-Type：application/json
{
　　"data"：{
　　　　"createTime"：1566448500,
　　　　"id"：24869,
　　　　"parentId"：0,
　　　　"projectId"：54103,
　　　　"title"："我的分组",
　　　　"uid"：22556,
　　　　"updateTime"：1567672610,
　　　　"weight"：1
　　},
　　"info"："ok",
　　"status"：0
}

参 考 文 献

［1］ 比尔·盖茨. 未来之路 ［M］. 北京：北京大学出版社，1996.

［2］ 袁楚. 物联网：信息网络化的趋势 ［J］. 互联网天地，2009（11）.

［3］ 关勇. 物联网行业发展分析 ［D］. 北京：北京邮电大学，2010.

［4］ 李道亮，杨昊. 农业物联网技术研究进展与发展趋势分析 ［J］. 农业机械学报，2018（1）.

［5］ 杨小琪. 基于物联网智慧农业平台建设大数据的研究 ［D］. 曲阜：曲阜师范大学，2017.

［6］ 方晓航. 物联网技术在农业信息化中的应用研究 ［D］. 长沙：湖南农业大学，2014.

［7］ 济南有人物联网技术有限公司. 一种通信接口自动匹配的串口服务器 ［P］. CN204856480U，2015-12-09.

［8］ 济南有人物联网技术有限公司. 产品配置调试工具与手册 ［EB/OL］. http：//cloud. usr. cn.